高等学校大数据系列教材

数据清洗基础与实践

主　编　谢东亮　黄天春

副主编　廖　宁　陈怡然

　　　　刘振栋　王胜峰

主　审　周龙福

西安电子科技大学出版社

内 容 简 介

数据清洗是大数据开发的基础环节，也是最重要的环节之一。数据清洗就是发现并纠正数据源中存在的错误，对错误值、异常值、缺失值等可疑数据按照一定的规则和方法，使用必要的工具进行清洗与整理，使其变得干净，达到可以进行数据分析的目的。

本书分为两篇，共九章，系统地讲解了数据清洗的理论与实践。第一篇为基础篇，其中第一章介绍数据清洗的基本概念、数据标准化以及数据仓库的概念等；第二章介绍数据格式类型与数据编码，从文件以及文本的格式、文档的归档与压缩、字符编码与数据转换方面做了介绍；第三章对最常用的文本与电子表格数据清洗做了介绍；第四章介绍了数据清洗的基本技术、方法与工具；第五章从文本、Web 文件、数据库数据的抽取方面做了介绍；第六章介绍了数据的转换与加载和数据的质量评估。第二篇为实战篇，其中第七章介绍了五种常用的数据清洗工具；第八章专门讲解了如何对 Web 的数据进行采集及预处理；第九章介绍了从 RDBMS 数据源中获取数据及进行数据的脱敏、清洗等操作。

本书可作为应用型本科及高职高专学生的大数据课程教材，也可供学习数据清洗的其他读者使用。

图书在版编目(CIP)数据

数据清洗基础与实践/谢东亮，黄天春主编. —西安：西安电子科技大学出版社，2019.9

ISBN 978-7-5606-5460-7

Ⅰ. ① 数… Ⅱ. ① 谢… ② 黄… Ⅲ. ① 数据处理—高等学校—教材 Ⅳ. ① TP274

中国版本图书馆 CIP 数据核字(2019)第 190579 号

策划编辑 李惠萍
责任编辑 雷鸿俊 任倍萱
出版发行 西安电子科技大学出版社(西安市太白南路 2 号)
电　　话 (029)88242885 88201467 邮　　编 710071
网　　址 www.xduph.com 电子邮箱 xdupfxb001@163.com
经　　销 新华书店
印刷单位 陕西天意印务有限责任公司
版　　次 2019 年 8 月第 1 版 2019 年 9 月第 1 次印刷
开　　本 787 毫米×1092 毫米 1/16 印 张 8.5
字　　数 198 千字
印　　数 1～3000 册
定　　价 22.00 元
ISBN 978-7-5606-5460-7 / TP

XDUP 5762001-1

如有印装问题可调换

前　言

大数据是当今信息化的产物，作为当前高科技时代的产物，大量的结构化、非结构化、半结构化的数据经过采集、清洗处理后才便于分析、建模等。这样的数据才能真正地产生价值。数据清洗技术是大数据必不可少的环节，通过数据清洗可以发现并纠正数据中可能存在的错误，并对发现的错误进行清理，使之变为干干净净的数据。

本书分为基础篇与实战篇两部分。在基础篇中主要讲述了数据清洗的流程以及在清洗过程中所使用的工具和数据清洗的方法，在实战篇中主要介绍了数据清洗工具的使用方法、基于 Web 的数据采集与清洗实战和基于 DBMS 的数据清洗实战。

基础篇包括第一章至第六章，其中：

第一章主要阐述数据清洗的基本概念，在数据清洗阶段的主要任务以及流程、数据的标准化以及为什么要进行数据清洗；通过一个简单的例子演示了现实世界中的脏数据，并阐述了各种清洗过程的优缺点以及清洗工作所带来的数据变化。

第二章主要阐述数据格式、编码、常见的数据类型以及字符集等，介绍格式间的相互转换。通过本章的学习，读者可了解当前流行的主要数据格式以及数据编码与格式间的相互转换等知识。

第三章描述如何从常见的电子表格和文本编辑器中尽可能多地发掘出数据清洗功能，主要介绍一些常见问题的简便处理方法，包括如何使用函数、搜索和替换、正则表达式来实现数据纠错和转换；最后利用已经掌握的技能，使用上述两种工具来完成一个与大学有关的数据清洗任务。

第四章从 ETL 技术入手，介绍 ETL 的相关概念、数据清洗遵从的基本步骤以及技术路线，介绍 ETL 常见的工具以及 ETL 子系统。通过本章的学习，读者能清晰地理解数据清洗的概念、技术路线及主要功能。

第五章以 Kettle 开源数据清洗工具为依托，阐述文本文件的抽取、Web 文件的获取、数据库文件的获取，以及全量与增量数据的抽取等。通过本章的学习，读者能够借助 Kettle 实现文本的抽取、网页文件的获取以及数据库文件的导入与导出等。

第六章详细介绍数据的清洗步骤、数据检查、错误处理、数据质量评估和数据装载等知识。通过本章的学习，读者能够掌握数据清洗的具体方法以及数据转换过程中的数据检验和错误处理，同时掌握数据的批量加载等技能。

实战篇包括第七章至第九章，其中：

第七章主要阐述数据清洗使用的工具，从基础的 Microsoft Excel 工具进行讲解，阐述如何使用 Excel 来完成数据的分列校验和快速填充等操作以及使用 Kelltle 进行数据的清洗操作。同时，对常用的清洗工具 OpenRefine 以及 DataWrangler 和 Hawk 等工具进行简单的介绍，使读者对常用的清洗工具有一个全面的认识。

第八章主要以常用的 Web 数据为基础，采用实际案例介绍如何对数据信息进行爬取采集以及清洗等预处理操作。

第九章主要以关键的关系型数据库为基础，采用实际案例介绍如何从关系型数据库中获取数据并进行准备、脱敏、格式转换等清洗工作，通过案例的实际讲解使读者掌握如何对关系型数据库的大量数据进行“清洗”操作。

在本书的编写过程中，北京雅丁信息科技有限公司提供了大量的支持，并给出了中肯的建议。黄天春老师除了编写第九章的内容之外还对全书进行了反复校验，才使本书得以成稿，在此表示衷心的感谢。同时，也要感谢西安电子科技大学出版社李惠萍编辑在本书出版过程中所给予的宝贵意见和大力支持。

尽管我们付出了很大的努力，但是书中可能仍存在不妥之处，欢迎读者朋友提出宝贵意见，我们将不胜感激。在阅读本书时，如果您发现有任何问题，可以通过邮件与我们联系，邮箱地址：donaldshieh@yeah.net。

谢东亮

2019 年 6 月

目 录

第一篇 基 础 篇

第二篇　实　战　篇

第一篇 基 础 篇

基础篇主要从数据清洗应用背景入手，首先阐述了基本的数据清洗发展历程、背景以及数据的标准化过程、数据仓库的概念及其应用；其次，讲解了基本的数据格式与数据编码知识，包括数据的归档与压缩、数据的编码转换等；再次，讲解了使用常用的电子表格与文本编辑器进行数据清洗的方法以及数据清洗的基本技术与常用方法；最后，讲解了文本文件、Web 文件以及数据库文件的抽取与转换加载等基本知识。

第一章　数据清洗概述

随着物联网、云计算、数据技术的快速发展，迎来了大数据时代。大数据技术改变了传统的数据收集、处理与应用模式，为大量行业的跨越式发展带来了新的机遇。从字面上理解，数据清洗(Data Cleaning/Cleansing)就是把“脏”的数据进行“清洗”，也就是发现并纠正数据文件中可能出现的错误，包括检查数据一致性、处理无效值和缺失值等。通常在数据仓库中的数据都是面向某一主题的数据的集合，这些数据从多个业务系统中抽取而来而且包含历史数据，这样就避免不了有的数据是错误数据，有的数据相互之间有冲突，这些错误的或有冲突的数据显然是我们不想要的，称为“脏数据”。我们要按照一定的规则把“脏数据”洗掉，这就是数据清洗。数据清洗的任务是过滤那些不符合要求的数据，将过滤的结果交给业务主管部门，确认是否过滤掉那些“脏数据”还是由业务单位修正之后再进行抽取。本章主要阐述数据清洗的基本概念和相关技术。

1.1　数据清洗简介

数据科学是一门新兴的以数据为研究中心的学科。作为一门学科，数据科学以数据的广泛性和多样性为基础，探寻数据研究的共性。数据科学也是一门关于数据工程的学科，它需要同时具备理论基础和工程经验，需要掌握各种工具的用法。数据科学主要包括两个方面：用数据的方法来研究科学和用科学的方法来研究数据。数据清洗是数据科学家完成数据分析和处理任务过程中必须面对的重要一环。具体来说，数据科学的一般处理过程包括如下几个步骤：

(1) 问题陈述：明确需要解决的问题和任务。

(2) 数据收集与存储：通过多种手段采集和存放来自众多数据源的数据。

(3) 数据清洗：对数据进行针对性的整理和规范，以便于后面的分析和处理。

(4) 数据分析和挖掘：运用特定模型和算法来寻求数据中隐含的知识和规律。

(5) 数据呈现和可视化：以恰当的方式呈现数据分析和挖掘的结果。

(6) 科学决策：根据数据分析和处理结果来决定问题的解决方案。

来自多样化数据源的数据内容并不完美，存在着许多“脏数据”，即数据不完整、有缺失，存在错误和重复的数据，数据中有不一致和冲突等缺陷。数据清洗就是对数据进行审查和校验，发现不准确、不完整或不合理的数据，进而删除重复信息、纠正存在的错误，并保持数据的一致性、精确性、完整性和有效性，以提高数据的质量。

数据清洗并没有统一的定义，其定义依赖于具体的应用领域。从广义上讲，数据清洗是将原始数据进行精简以去除冗余和消除不一致性，并使剩余的数据转换成可接收的标准格式的过程；而狭义上的数据清洗特指在构建数据仓库和实现数据挖掘前对数据源进行处理，使数据实现准确性、完整性、一致性、唯一性和有效性，以适应后续操作的过程。一般而言，凡是有助于提高信息系统数据质量的处理过程，都可认为是数据清洗。

数据清洗就是对原始数据进行重新审查和校验的过程，目的在于删除重复信息、纠正存在的错误，并使得数据保持精确性、完整性、一致性、有效性及唯一性。数据清洗还可能涉及数据的分解和重组，最终将原始数据转换为满足数据质量或应用要求的数据。

数据清洗对保持数据的一致性和更新数据起着重要的作用，因此被用于如银行、保险、零售、电信和交通等多个行业。数据清洗主要有三个应用领域：数据仓库(Data Warehouse, DW)、数据库中知识的发现(Knowledge Discovery in Database, KDD)和数据质量管理(Data Quality Management, DQM)。

数据清洗对随后的数据分析非常重要，因为它能提高数据分析的准确性。但是数据清洗依赖复杂的关系模型，会带来额外的计算和延迟开销，必须在数据清洗模型的复杂性和分析结果的准确性之间进行平衡。

数据清洗通过分析“脏数据”的产生原因和存在形式，利用数据溯源的思想，从“脏数据”产生的源头开始分析数据，对数据流经环节进行考察，提取数据清洗的规则和策略，对原始数据集应用数据清洗规则和策略来发现“脏数据”，并通过特定的清洗算法来清洗“脏数据”，从而得到满足预期要求的数据。具体而言，数据清洗流程包含以下基本步骤：

(1) 分析数据并定义清洗规则；

(2) 搜寻并标识错误实例；

(3) 纠正发现的错误；

(4) 干净数据回流；

(5) 数据清洗的评判。

数据清洗是一项十分繁重的工作，数据清洗在提高数据质量的同时要付出一定的代价，包括投入的时间、人力和物力成本。通常情况下，大数据集的清洗是一个系统性的工作，需要多方配合以及大量人员的参与，需要多种资源的支持。这些资源包括：

(1) 数据清洗环境，指为进行数据清洗所提供的基本硬件设备和软件系统，特别是已得到广泛应用的开源软件和工具。

(2) 终端窗口和命令行界面，比如 Mac OS X 上的 Terminal 程序或 Linux 上的 bash 程序。

(3) 适合程序员使用的编辑器，如 Mac 上的 Text Wrangler，Linux 上的 vi 或 emacs，或 Windows 上的 Notepad++、Sublime 编辑器等。

(4) Python 客户端程序，如 Enthought Canopy。另外，还需要足够的权限来安装一些程序包文件。

(5) 电子表格程序，如 Microsoft Excel 和 Google Spreadsheets。它们可用于数据呈现和可视化，并且可以恰当的方式呈现数据分析和挖掘的结果。

(6) 数据库软件，如 MySQL 数据库和 Microsoft Access 等。

1.2 数据标准化

数据标准化(Data Standardization/Normalization)是机构或组织对数据的定义、组织、分类、记录、编码、监督和保护进行标准化的过程，它有利于数据的共享和管理，可以节省费用，提高数据使用效率和可用性。

数据标准化处理主要包括数据同趋化处理和无量纲化处理两个方面。数据同趋化处理主要解决不同性质数据问题，对不同性质指标直接加总不能正确反映不同作用力的综合结果，必须先考虑改变逆指标数据性质，使所有指标对测评方案的作用力同趋化，然后再加总才能得出正确结果。

数据无量纲化处理主要用于消除变量间的量纲关系，解决数据评价分析中数据的可比性。例如，多指标综合评价方法需要把描述评价对象不同方面的多个信息综合起来得到一个综合指标，由此对评价对象做整体评判，并进行横向或纵向比较。

数据标准化方法通常有下列几种：

(1) max-min 标准化：对原始数据进行线性变换。设 minA 和 maxA 分别为属性 A 的最小值和最大值，将 A 的一个原始值 x 通过 max-min 标准化映射成在区间[0,1]中的值 x'，其计算公式为

$$x' = \frac{x - \min A}{\max A - \min A}$$

(2) z-score 标准化：基于原始数据的均值(mean)和标准差(standard deviation)进行数据的标准化，将 A 的原始值 x 标准化到 x'，其计算公式为

$$x' = \frac{x - \text{mean}}{\text{standard deviation}}$$

(3) decimal scaling 标准化：通过移动数据的小数点位置来进行标准化。小数点移动多少位取决于属性 A 的取值中的最大绝对值。将属性 A 的原始值 x 标准化到 x'的计算公式为

$$x' = \frac{x}{10\text{\^{}}j}$$

其中，j 是满足条件的最小整数。

(4) 其他标准化方法：还有一些标准化方法的做法是将原始数据除以某一值，如将原始数据除以行或列的和，称总和标准化。如果原始数据除以每行或每列中的最大值，叫做最大值标准化。如果原始数据除以行或列的和的平方根，则称为模标准化(Normal Standardization)。

1.3　数据仓库

数据仓库是基于信息系统业务发展需要，基于传统数据库系统技术发展形成并逐步独立出来的一系列新的应用技术，目标是通过提供全面、大量的数据存储来有效支持高层决策分析。

W. H. Inmon 对数据仓库的定义是：数据仓库是决策支持系统和联机分析应用数据源的结构化数据环境，是一个面向主题的(Subject Oriented)、集成的(Integrated)、相对稳定的(Non-Volatile)、反映历史变化(Time Variant)的数据集合，用于支持经营管理中的决策制定过程。

数据库是面向事务设计的，而数据仓库是面向主题设计的。数据库设计是尽量避免冗余，一般采用符合范式的规则来设计；数据仓库在设计时有意引入冗余，采用反范式的方

式来设计。数据库是为捕获数据而设计的，数据仓库则是为分析数据而设计的。数据库一般存储的是在线交易数据，而数据仓库一般存储的是历史数据。

数据仓库不是一种提供战略信息的软件或硬件产品，而是一个便于用户找到战略信息和做出更好决策的计算环境，是一个以用户为中心的环境。数据仓库需要提供数据抽取、数据转换、数据装载和数据存储功能，并为用户提供交互接口。典型数据仓库的基本组成要素包括：源数据单元、数据准备单元、数据存储单元、信息传递单元、元数据单元和管理控制单元。

根据企业构建数据库的主要应用场景的不同，可以将数据仓库分为以下四种类型，每一种类型的数据仓库系统都有不同的技术指标与要求。

1. 传统数据仓库

企业把数据分成内部数据和外部数据，内部数据包括 OLTP(联机事务处理系统)交易系统和 OLAP(联机事务分析系统)分析系统的数据。企业首先需要将这些数据集中起来，经过转换放到这类数据库中，然后在数据库中对数据进行加工，建立各种主题模型，再提供报表分析业务。

2. 数据集市

数据集市一般是用于某一类功能需求的数据仓库的简单模式，往往由一些业务部门构建，也可以构建在企业数据仓库上。一般来说，数据集市的数据源较少，但对数据分析的延时有很高的要求，并需要和各种报表工具有很好的对接。

3. 关联发现数据仓库

在一些场景下，企业可能不知道数据的内联规则，而是需要通过数据挖掘的方式找出数据之间的关联关系、隐藏的联系和模式等，从而挖掘出数据的价值。很多行业的新业务都有这方面的需求，如金融行业的风险控制、反欺诈等业务。上下文无关联的数据仓库一般需要在架构设计上支持数据挖掘能力，并提供通用的算法接口来操作数据。

4. 实时处理数据仓库

随着业务的发展，企业客户需要对实时的数据做一些商业分析，譬如零售行业需要根据实时的销售数据来调整库存和生产计划。这类行业用户对数据的实时性要求很高，传统的离线批处理的方式不能满足需求，因此需要构建实时处理的数据仓库。数据可以通过各种方式完成采集，然后数据仓库可以在指定的时间限期内对数据进行处理和统计分析等，再将数据存入数据仓库以满足一些其他业务的需求。通常数据仓库有下列相关的技术：

1) 数据清洗

数据仓库需要从种类各异的多个数据源中导入大量数据，数据仓库的一个重要任务就通过数据清洗保证数据的一致性与正确性。

2) 数据粒度

数据仓库中存储的数据粒度将直接影响数据仓库中数据的存储量及查询质量，并进一步影响数据仓库能否满足最终用户的分析需求。设计数据仓库时要合理确定数据粒度。

3) 索引优化

不论是数据库还是数据仓库，索引查找是优化查询响应时间的重要方法，索引建立的好坏直接影响数据访问效率。

4) 物化视图选择和维护

数据仓库中以物化视图(Materialized View)的形式存储大量来自多个异质数据源中的数据，数据仓库中采用物化视图进行快速查询和分析，能有效提高数据查询速度和响应时间。

5) 数据仓库的管理维护

为了减少数据更新量，数据仓库一般采用增量式更新策略。此外，数据仓库必须建立有效的安全策略和授权访问控制机制。最后，数据仓库必须提供稳定可靠的数据备份和恢复策略。

数据仓库不是一门纯粹的技术，确切地说，它更是一种架构和理念，核心在于对数据的整合集成，将企业原始数据进行集成、归类、分析，从而提供企业决策分析需要的目标数据。SQL Server、Sybase、DB2 和 Oracle 都是传统的关系数据库，但是只要经过合理的数据模型设计或参数设置，也可将其转变为很好的数据仓库实体。

目前，OLAP 已逐渐融合到数据仓库中，例如微软的 Analysis Service 和 DB2 的 OLAP Server，通过自身提供的专用接口可以加快多维数据的转换处理。当然，也有如 Essbase 这样纯粹的 OLAP 产品，实际上许多大型 OLAP 都采用 Essbase。

对于 ETL(提取、转换、加载)而言，广泛使用的 ETL 工具主要包括 Informatica PowerCenter、IBM 的 Datastage、SQL Server 搭配的 SSIS、Oracle 的 OWB 和 ODI 以及开源的 Kettle 等。

数据仓库可用的报表工具很多，专业性的报表工具有 Hyperion、B0、Cognos 和 Brio，这些产品价格相对昂贵；便宜的报表工具可选用微软的 ReportService。

本章小结

本章从数据清洗的概念开始，介绍了数据清洗的基本定义、数据清洗的过程与任务及数据清洗流程；其次讲解了数据标准化的概念和标准化的常用方法；最后对数据仓库进行了介绍，从数据仓库的定义到数据仓库的组成要素以及数据仓库的分类分别进行了详细介绍。

第二章　数据格式类型与编码

任何被存储的数据都存在格式(Data Format)，格式是数据的一种存在形式。数据的格式通常为数值、字符二进制等，一般用数据类型与数据长度来描述。因为计算机是统一自动化处理数据的，所以统一的格式是保证程序进行自动化处理的前提条件。编码(Code/Encode)是数据从一种形式转换成另外一种形式的过程，可用预先规定好的方法将文字、数据与其他信息编成固定格式的数字。编码的逆过程是解码(Decode)，是将数字码转换成文字、数字以及图像等信息。

本章将从文本及文本的格式以及文件的归档与压缩等基本知识入手，阐述数据的类型编码以及编码之间的转换等内容。

2.1　文件及文本的格式

文本是计算机保存数据的主要方式，其常见的文本格式有 txt、doc、zip、jpg 和 HTML 等几种。

Windows 操作系统下常见的文本格式有：txt、doc、xls 等。

类(UNIX)操作系统下常见的文本格式有：dmg、tar 等。

网络文本格式有：HTML、xml、php、jsp、css 等。

1. xls 及 xlsx 文件格式

xlsx 是 Microsoft Office Excel 2007 或者更新版本保存的文件格式，即用新的基于 XML 的压缩文件格式取代了其之前专有的文件格式。此文件格式在传统的文件扩展名后面添加了字母 x(“.docx”取代“.doc”，“.xlsx”取代“.xls”)，使文件占用系统的空间更小。所有版本的 Microsoft Excel 都可以打开 xls 格式的文件。

2. JSON 文本格式

JSON 的全称是 JavaScript Object Notation，即 JavaScript 对象标记，是一种轻量级的数据传输格式，常用于网络信息的传输。JSON 基于 ECMAScript 规范，采用独立于编程语言的文本格式来存储和表示数据。

JSON 具有简洁和清晰的层次结构，是当下较为理想的一种数据传输语言。因为 JSON 易于阅读和编写，也易于机器解析和生成，所以能有效地提升网络传输效率，在现有的客户端和服务器数据交换传输中，JSON 的应用非常广泛。

3. HTML 和 XML 文本格式

HTML 的全称是 HyperText Markup Language，即超文本标记语言，这里的“超文本”指的是页面内可以包含图片、链接，甚至音乐、程序等非文字元素，HTML 是标准通用标记语言下的一个应用。图 2-1 所示为一个典型的 HTML 文件内容。

```
<!DOCTYPE html>
<html lang="en" xmlns="http://www.w3.org/1999/html" xmlns="http://www.w3.org/1999/html">
<head>
    <meta charset="UTF-8"/>
    <meta http-equiv="refresh" content="3"/>
    <meta name="keywords" content="HTML例子"/>
    <meta name="descrtions" content="HTML例子"/>
    <meta http-equiv="x-ua-compatible" content="ie=IE9"/>
    <title>HTML例子</title>
    <link rel="icon" href="img/favicon.ico">
    <link rel="stylesheet" href="css/common.css">
</head>
<body>
    <ul>
       <li>hello</li>
       <li>html</li>
    </ul>
</body>
</html>
```

图 2-1　典型 HTML 文件展示

4. XML

与 JSON 功能相同的另一种格式是 XML，其全称是 Extensible Markup Language，即可扩展标记语言，也是标准通用标记语言下的一个应用。XML 是各种应用程序之间进行数据传输最常用的工具。图 2-2 所示为一个典型的 xml 文件内容。

```
<w:lvl w:ilvl="4">
  <w:start w:val="1"/>
  <w:nfc w:val="23"/>
  <w:lvlText w:val="  "/>
  <w:lvlJc w:val="left"/>
  <w:pPr>
    <w:ind w:left="2100" w:hanging="420"/>
  </w:pPr>
  <w:rPr>
    <w:rFonts w:ascii="Wingdings" w:h-ansi="Wingdings" w:hint="default"/>
  </w:rPr>
</w:lvl>
<w:lvl w:ilvl="5">
  <w:start w:val="1"/>
  <w:nfc w:val="23"/>
  <w:lvlText w:val="  "/>
  <w:lvlJc w:val="left"/>
  <w:pPr>
    <w:ind w:left="2520" w:hanging="420"/>
  </w:pPr>
  <w:rPr>
    <w:rFonts w:ascii="Wingdings" w:h-ansi="Wingdings" w:hint="default"/>
  </w:rPr>
</w:lvl>
<w:lvl w:ilvl="6">
  <w:start w:val="1"/>
  <w:nfc w:val="23"/>
  <w:lvlText w:val="  "/>
  <w:lvlJc w:val="left"/>
  <w:pPr>
    <w:ind w:left="2940" w:hanging="420"/>
  </w:pPr>
  <w:rPr>
    <w:rFonts w:ascii="Wingdings" w:h-ansi="Wingdings" w:hint="default"/>
  </w:rPr>
</w:lvl>
```

图 2-2　典型 XML 文件展示

通过上面的实例，对 XML 格式和 JSON 格式进行比较后发现：

(1) JSON 和 XML 都是纯文本。

(2) JSON 和 XML 都具有“自我描述性”。

(3) XML 和 JSON 都可以通过 JavaScript 进行解析。

(4) XML 有结束标签而 JSON 没有。

(5) JSON 传输一般比 XML 更短、速度更快。

2.2 归档与压缩

现实中的许多数据、特别是分隔数据都是以压缩文件的形式存在的。那么对于一个数据科学家来说，常用的数据压缩格式有哪些呢？以及如何评估哪个压缩方法是最优的呢？下面我们就从文件的归档、文件的压缩，以及如何选择合适的压缩工具与程序等方面来回答这个问题。

1. 归档文件

归档文件就是一个对内部包含了许多文件的独立文件的归档。这些文件的内部包含文本文件或二进制文件，或者二者兼有。归档文件是使用一个特殊程序将给定的文件列表转换为一个文件而成的，当然它也可以反向操作被转换成多个文件。

通常，在进行数据科学工作的时候，碰到最多的归档文件就是磁带归档文件(tar)。这种文件是用 tar 程序创建的，以 .tar 为后缀名。其最初的设计目的是用于磁带归档技术。

tar 程序在类 UNIX 操作系统中都存在，我们也可以在苹果操作系统中的 terminal 程序中使用它。要想创建 tar 文件需要先设定几个参数，包括用户想压缩的文件路径、输出的文件名等(其中，c 表明想创建一个归档文件，v 表示程序在加载文件列表的时候打印出文件名，f 用于指定输出的文件名)。命令行代码如下：

```
tar    cvf fileArch.tar    bigFile.csv    otherBigFile.csv
```

如果需要一个“untar”文件，只需要让 tar 程序指向用户想要展开的文件就可以了，命令行代码如下：

```
Tar    xvf fileArch.tar
```

当我们知道了有一个以 .tar 为文件名后缀格式的归档文件包中包含多少个文件以及是什么文件时，在提取之前，我们需要掌握该压缩文件的一些基本信息，以及即将提取的文件是不是我们想要的，还有目前磁盘空间是否够用等情况。可用 tar 命名的选项 t 来以列表形式显示 tar 文件中的内容，命令行代码如下：

```
tar    -tf    fileArch.tar
```

当然，除了 tar 命令之外，还有许多别的归档程序，包括一些具备压缩功能的程序(例如，OS 系统内置的 zip 压缩软件和 Windows 上的各种 zip 以及 rar 工具)，它们在进行归档的同时还能进行文件的压缩处理。

2. 文件压缩

压缩文件的作用在于缩减原始文件的大小，从而节省存储空间。文件小则意味着其占用的磁盘空间小，它在网络间的传输速度则更快。在数据文件的处理方面，重点就是如何轻松地进行数据文件的压缩，并把压缩的文件重新还原成原始文件。

1) 压缩文件的方法

创建压缩文件的方法取决于所选择的操作系统和安装的压缩软件，通常在 Windows 可视化界面中使用 WinRAR 程序进行文件的压缩，操作截图如图 2-3 所示。

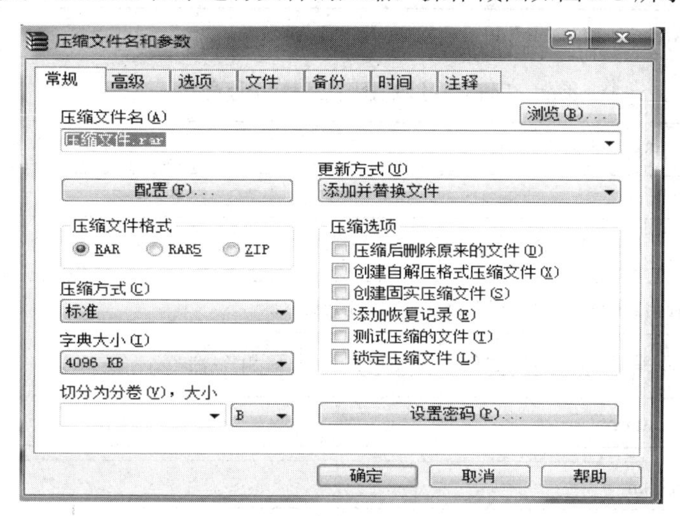

图 2-3　文件压缩操作展示

2) 解压文件的方法

在数据收集的过程中，经常会处理那些被下载的压缩文件。这些压缩文件有可能是文本分隔文件，也有可能是其他类型的数据文件(比如构建数据库用的电子表格等)。但是无论哪一种文件，在压缩文件解压之后都会得到相应的数据文件，并利用这些文件完成数据处理任务，那么如何知道使用哪个程序来解压文件呢？这其中的重要线索就是文件的扩展名。根据这个信息可以得知文件是由哪一种压缩文件处理的，进而得到文件的解压方法。Windows 下的文件解压方法在此不再赘述，下面学习如何在 OS X 或者 Linux 操作系统上使用命令行程序来解压文件。

(1) 使用 zip、gzip 和 bzip2 压缩文件。zip、gzip 和 bzip2 是最为常见的压缩程序，与之对应的解压缩程序分别为 Unzip、Gunzip 和 Bunzip2。

表 2-1 中列举了每种程序以及它们对应的压缩和解压缩命令。

表 2-1　文件的压缩和解压缩命令

	压 缩 命 令	解压缩命令
Zip	zip filename.dbf　filename.zip	Unzip　filename.zip
Gzip	gzip filename.dbf　filename.gz	Gunzip　filename.gz
Bzip2	Bzip2 filename.dbf　filename.bz2	Bunzip2　filename.bz2

有时，一些文件在包含 .tar 后缀名的同时还包含了 .gz 或 .bz2 这样的后缀名，例如：

与 file.tar.gz 其他类似的情形还有 .tgz 和 .tbz2 等。file.tgz 这类文件一般都是先经过 tar 程序的归档处理后，又被 gzip 和 bzip2 程序进行压缩的。其中主要的原因是 gzip 和 bzip2 本身没有归档功能，只是压缩程序而已，因此它们只能一次压缩一个文件。而 tar 可以把多个文件整合到一个独立的文件中，所以这些工具常常会混合起来使用。

在 tar 程序内部有一个内置的功能选项，我们对文件进行归档之后就可以使用 gzip 或者 bzip2 对文件进行压缩处理了。所以要想压缩一个新创建的 .tar 文件，就可以在 tar 命令行后面添加一个 z 选项，同时还可以修改其文件名，命令行代码如下：

```
tar   cvzf   fileArch.tar.gz   bigFile.csv   otherbigFile.csv
```

如果想要解压一个 tar.gz 文件，可以使用以下两个命令：

```
gunzip   fileArch.tar.gz
```

```
tar   xvf   fileArch.tar
```

对于 bzip2 可以进行同样的操作，命令行代码如下：

```
tar   cvjf   fileArch.tar.bz2   bigFile.csv   otherBigFile.csv
```

如果想要解压一个 tar.bz2 文件，可以使用以下两个命令：

```
bunzip2   fileArch.tar.bz
```

```
tar xvf   fileArch.tar
```

(2) 压缩选项。在做压缩和解压处理时，优先考虑如何使用更多的功能选项来更好地完成清洗工作。

首先，你需要确认是否需要在压缩文件的时候保留原始文件，默认情况下，大部分压缩程序和归档程序都会删除原始文件。如果你想在创建压缩文件的同时保留原始文件，通常则需要手动添加这个选项。

其次，你想把新的文件添加到一个已经存在的压缩文件夹中吗？大多数归档程序和压缩程序都有这样的功能选项，有时候，这种操作被称为更新或替换。

再次，你是否需要对压缩文件进行加密处理？其实许多压缩程序都带有这个功能。

最后，在解压的时候，是否需要覆盖目录下同名的文件呢？可以查找一下有没有 force 这样的功能选项。

不同的压缩软件含有不同的功能选项，你可以根据需要使用这些选项来轻松地完成文件处理工作，这在处理大量文件的时候尤为重要。

3) 如何选择合适的压缩程序

这里所讲的归档与压缩的概念广泛适用于各种操作系统和各种类型的压缩文件。在大多数情况下，我们都是从不同的地方下载压缩文件，随后关心的是如何高效地解压这些文件。但是，假设你需要自己一个人来完成压缩文件的创建，这时你应该怎么做？比如你需要解压数据文件，清洗文件中的数据，然后重新对文件进行压缩处理并把它传给你的合作伙伴，这种情况下你该怎么处理每一个细节呢？又或者是你要下载一些文件，而且每个文件都提供了不同的压缩格式，有 zip、bz2 或 gz，那么你该选择哪种压缩格式才是最佳的呢？

如果我们处在一个可以使用多种文件压缩格式的操作环境中，这时我们就可以采用下面的原则来选择和比较压缩类型之间的优点及缺点。

首先，是压缩和解压缩的速度。

其次，压缩比率(文件能缩减多少)。

再次，压缩方案的互操作性(文件是否容易解压)。

2.3 数据类型

本节重点讲解一下最常见的数据类型，这些变量的数据类型都是数据科学家们需要时常接触并频繁处理的。同时本节将带领读者探索空数据、空值和空白字符的神秘世界，学习各种不同的数据缺失情况，了解数据缺失会对数据分析结果有哪些负面影响，比较和权衡数据缺失的处理方案以及它们各自的优缺点。

由于在实际存储中很多数据都是以字符串形式保存的，因此我们还要学习如何辨识字符编码以及真实数据中一些常见的格式。学习如何识别字符编码问题，以及如何为某个特定的数据集设置与其相匹配的字符编码。此外，还会用代码来演示将数据从一种编码转成另一种编码的过程，并讨论这种策略的局限性。

无论要清洗的数据是以文本文件形式存储，还是在数据库系统中存储，或是以其他格式存储，相同类型的数据看起来总是一样的，如：数字、日期、时间、字符、字符串，等等。本节我们探讨一些最常见的数据类型以及与其相关的例子。

1. 数字类型

与字符串和日期类型相比，数字类型更为直观，所以我们先从数字类型开始讲解。

1) 整数

从数学的角度理解，整数可以分为正整数与负整数，这种数字是没有小数点和小数部分的。在不同的存储系统中，比如在数据库管理系统(DBMS)中，我们可以对整数进行更多的设置，如整数的范围是多少，是允许有符号值(正数或负数)还是只允许无符号值(全部正数值)等。

2) 小数

在数据清洗工作中，对含有小数部分的数字，比如价格、平均值、尺寸等，通常都采用小数点的形式来表现。有时，个别的存储系统还会提供一些数字设置规则，包括允许小数点后面有多少个数字，允许包含的数字总个数(精度)(如数字 58.588，它的小数部分长度为 3，精度为 5)。不同的数据存储系统允许使用不同类型的小数，例如，DBMS 可以让我们在搭建数据库时自行决定数据存放形式，如浮点数、小数、货币。每个学科的数字类型之间都稍有差别，如它们在数学含义上的区别。所以，我们需要阅读 DBMS 所提供的相关指南来掌握好每种数据类型；同时，DBMS 供应商常会出于内存或其他原因而多次修改某些数据类型的规范。

与存储数据的 DBMS 系统不一样的是，电子表格应用程序除了具有存储数据的能力之外，它还能显示数据。因此，在实际使用中我们可以用某一种数字类型的形式存储数据，而以另外一种类型的形式来显示它。但这种格式化方法有时也容易引起一些歧义。如小数在公式栏里显示的完整数字是 58.988，但实际上单元格显示的是经过四舍五入之后的数字。

与 DBMS 不同的是，纯文本文件没有可以用来规范数字精度的选项。文本文件也不同于电子表格，数据显示上也没有什么额外的设置选项，其显示的也是关于数字的全部信息。

数字类型的数据其最重要的特点就是由一系列 0～9 之间的数字组成，有时也会包含小数部分。但真正的数字类型数据还有一个关键的特性，就是能够满足其最初的设计目的，即参与数学计算。所以，当希望能用数据进行数学计算，或以数字形式进行比较，或按数值顺序存储项目的时候，就应该选择数字类型作为数据的存储方式。每当遇到与此类似的情况，请务必确保数据都以数字类型存储。在日常生活中，我们的电话都是以数字的形式存储的，但是当保存电话号码的时候则需要考虑是以文本形式还是数字形式存储呢？首先我们要明确是否会拿它进行相关的数值计算，如果没有这个需求，那么以文本的形式保存则更加妥当。

2. 日期和时间

对于日期有很多不同的写法，下面列举的每个小项都是一个日期的常见写法：

11-23-18
11-23-2018
23-11-2018
2018-11-23
23-Nov-18
November 23,2018
23 November 2018
Nov.23,2018

无论使用哪一种格式，一个完整的日期都由三部分构成，即年、月、日。任何日期都可以解析出这几个部分。在数据清洗过程中日期问题是遇到的最多的问题之一，通常有两处：一处是缺少日期记号或月份记号，且数字小于 12；另外一处则是年份信息的表现信息缺失。例如，如果只看到“11-23”的话，可以推算出日期为 11 月 23 日，因为月份不可能是 23，那么问题出来了，年份去哪里了呢？

大多数的 DBMS 都有一套专属的方法来导入日期格式的数据，并且能够使用同样的方法导出日期数据。另外，系统还提供了很多函数，利用这些函数能够对日期进行格式化处理，还可以通过这些函数提取日期中的月份信息和日期信息。我们也可以使用一个比较复杂的日期函数，通过这个函数可以找出这个日期处于一年中的第几个星期甚至找出该日期处在星期中的第几天。

例：计算每年的 5 月 20 有多少封邮件被邮寄出来，代码如下：

```
Select year(date) as yr, dayofweek(date)  as day, count(mid) from message where monthname(date) = “may”  and day(date) = 20 group by  yr, day  oder  by  yr asc;
```

我们熟悉的电子表格程序，如 Excel 在内部是以数字形式存储日期的，并且允许用户以自己喜欢的格式定义和显示这些值。一般情况下，Excel 内部显示的是 1899 年 12 月 31 日之后的日期数据。如果要查看 Excel 中的日期显示形式，可以对输入的日期数据以常规格式查看，如图 2-4 所示，Excel 会将 2018 年 12 月 12 日存储为 43446。

图 2-4　设置输入日期格式

所以当你在不同的格式中间转换数值时，Excel 也只能为你提供一种不同的表现形式，日期的值从来没有发生过变化。DBMS 和电子表格应用程序都支持与数字类似的日期计算，在这两种系统中，都有支持加减法以及其他日期计算的函数，比如在一个日期中添加几个星期得到一个新的日期值。

3. 字符串

字符串代表了一组连续的字符数据，包括常见的字母、数字、空格和标点符号，还有来自千百种自然语言中的字符和用于不同目的的特殊符号。字符串非常灵活，这一点使得它们成为最为常见的数据存储方式。此外，由于字符串几乎能够存储任何其他类型的数据(不计效率)，它已成为数据通信或系统间数据移植最廉价的选择。

与数字类型数据一样，我们所使用的存储机制也提供了一些关于字符串的使用规则。例如，在 DBMS 或电子表格中需要我们事先声明要使用的字符串的长度和使用字符的类型。另外，在具体的使用环境中我们要注意数据的长度限制。在日常使用的数据库中，通常有固定长度和可变长度两种字符串类型，一般设计为用来存放较短的字符串数据；有的 DBMS 厂商还设计了一种文本类，专门用来存放较长的字符串数据。

字符串(或文本)类型的数据，可以在之前所讨论过的所有文件格式(分隔文件、JSON 或网页)中找到，这此格式能够以字符串的形式存储数据或是为多种存储方案提供数据，但是不管采用哪种存储机制，在大数据、乱数据以及无结构化数据的处理过程中，字符串类型的数据可以说是当之无愧的主角。

4. 其他数据类型

数字、日期时间和字符串是使用最为广泛的三种数据类型，除此之外，还有许多其他不同的数据类型，具体如下：

(1) 集合/枚举：如果数据只有几种值，就可以使用集合/枚举类型了。比如大学课程的期末成绩可以使用{A, A+, A−, B, B+, B−, C+, C, C−, D+, D, D−, F, W}来存储。

(2) 布尔：如果数据只限于两种值，要么是0/1形式，要么是true/false形式，这个时候就考虑使用布尔类型。

(3) Blob(二进制大对象)：如果数据是二进制的，如以字节形式存储的图片，war等文件都可以用Blob数据类型进行存储。

2.4 字符编码

对字符进行编码是信息交流的技术基础。在此之前我们需要了解一下编码的基础概念。

1. 字节、字符和字符集

字节(Byte)是计算机信息技术用于计量存储容量的一种计量单位，通常情况下，一个字节相当于八位二进制位。另外，Byte也表示一些计算机编程语言中的数据类型。

字符是指计算机中使用的字母、数字、字和符号，包括 1、2、3、A、B、C、~！•#￥%……—*( )——+，等等。在ASCII编码中，一个英文字母(字符)的存储需要一个字节。在 GB 2312 编码或 GBK 编码中，一个汉字字符的存储需要两个字节。在UTF-8编码中，一个英文字母(字符)的存储需要一个字节，一个汉字字符的存储需要三四个字节。在UTF-16编码中，一个英文字母(字符)或一个汉字字符的存储都需要两个字节(Unicode扩展区的一些汉字存储需要四个字节)。在UTF-32编码中，世界上任何字符的存储都需要四个字节。

字符集(Character Set)是多个字符的集合，字符集种类较多，每个字符集包含的字符个数不同，常见字符集名称有：ASCII字符集、GB 2312字符集、BIG5字符集、GB 18030字符集、Unicode 字符集等。计算机若要准确地处理各种字符集文字，就需要进行字符编码，以便计算机能够识别和存储各种文字。中文文字数目大，而且还分为简体中文和繁体中文两种不同书写规则的文字，而计算机最初是按英语单字节字符设计的，因此，对中文字符进行编码，是中文信息交流的技术基础。

2. 内码

内码是指计算机汉字系统中使用的二进制字符编码，是沟通输入、输出与系统平台之间的交换码，通过内码可以达到通用和高效率传输文本的目的。比如MS Word中所存储和调用的就是内码而非图形文字。英文ASCII字符采用一个字节的内码表示，中文字符如国标字符集中，GB 2312、GB 12345、GB 13000皆用双字节内码，GB18030(27 533个汉字)双字节内码汉字为20 902个，其余6631个汉字用四字节内码。

3. 编码与字符集

编码(Ecoding)和字符集不同，字符集只是字符的集合，不一定适合网络传送、处理，有时需要经过编码以后才能实现应用。例如 Unicode 可以依据不同的需要以 UTF-8、UTF-16、UTF-32等方式编码。字符编码就是用二进制的数字来对应字符集的字符。图2-5

所示为二进制编码(Unicode)字符集。

Stock Fonts

SYSTEM_FONT: Face Name = System, CharSet = 161

	0-	1-	2-	3-	4-	5-	6-	7-	8-	9-	A-	B-	C-	D-	E-	F-
-0	I	I		0	@	P	`	p	I	I		°	ΐ	Π	ΰ	π
-1	I	I	!	1	A	Q	a	q	I	'	΅	±	Α	Ρ	α	ρ
-2	I	I	"	2	B	R	b	r	I	'	Ά	²	Β	•	β	ς
-3	I	I	#	3	C	S	c	s	I	I	£	³	Γ	Σ	γ	σ
-4	I	I	$	4	D	T	d	t	I	I	¤	΄	Δ	Τ	δ	τ
-5	I	I	%	5	E	U	e	u	I	I	¥	µ	Ε	Υ	ε	υ
-6	I	I	&	6	F	V	f	v	I	I	¦	¶	Ζ	Φ	ζ	φ
-7	I	I	'	7	G	W	g	w	I	I	§	·	Η	Χ	η	χ
-8	I	I	(	8	H	X	h	x	I	I	¨	Έ	Θ	Ψ	θ	ψ
-9	I	I	)	9	I	Y	i	y	I	I	©	Ή	Ι	Ω	ι	ω
-A	I	I	*	:	J	Z	j	z	I	I	ª	Ί	Κ	Ϊ	κ	ϊ
-B	I	I	+	;	K	[	k	{	I	I	«	»	Λ	Ϋ	ä	ϋ
-C	I	I	,	<	L	\	l	|	I	I	¬	Ό	Μ	ά	μ	ό
-D	I	I	-	=	M	]	m	}	I	I	-	½	Ν	έ	ν	ύ
-E	I	I	.	>	N	^	n	~	I	I	®	Ύ	Ξ	ή	ξ	ώ
-F	I	I	/	?	O	_	o	I	I	I	―	Ώ	Ο	ί	ο	•

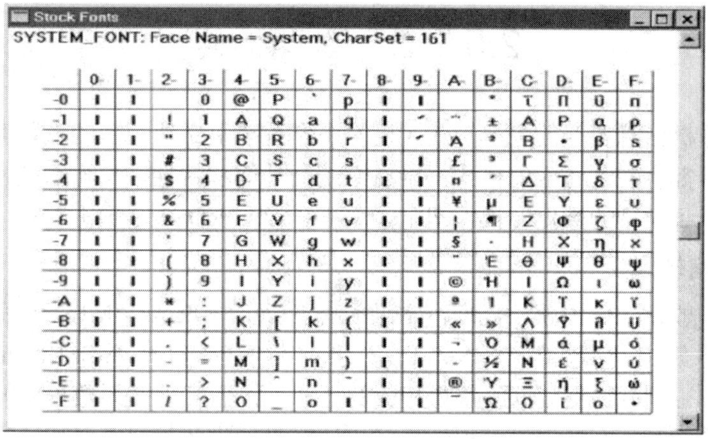

图 2-5　二进制编码(Unicode)字符集

4. 空值和乱码

1) 空值

在数据库中，空值(NULL)用来表示实际值未知或无意义的情况。空值不同于空白或零值，没有两个相等的空值；比较两个空值或将空值与任何其他值相比较返回值均为未知，这是因为每个空值均为未知。空值具有以下特点：

(1) 等价于没有任何值。

(2) 与 0、空字符串或空格不同。

(3) 在 where 条件中，Oracle 认为结果为 NULL 的条件为 FALSE，带有这样条件的 select 语句不返回行，并且不返回错误信息。但 NULL 和 FALSE 是不同的。

(4) 排序时比其他数据都大。

2) 乱码

乱码主要指当用文本编辑器打开文本时，使用了不对应的字符集和编码，从而造成文本解码错误，导致文本的部分字符或所有字符无法被正确显示的情况。常见乱码字符如图 2-6 所示。

图 2-6　常见乱码字符

2.5 数据转换

文件是计算机信息保存的主要形式，也是操作系统中文件管理的重要载体，在不同时代和不同系统中都有与之对应的格式。针对系统的功能和特性，文件系统也会有所不同。以下主要介绍两种类型的数据转换，即电子表格转换和 RDBMS 数据转换。

1. 电子表格转换

数据信息一般使用专门软件处理，常见的有 Excel、Access、MySQL 和 SQL Server。目前主要用的数据库是 RDBMS，即关系型数据库管理系统(Relational Database Management System)，它将数据组织为相关的行和列，而管理关系数据库的软件就是关系数据库管理系统，其所有数据以表格的形式出现，每行为各种记录名称，许多的行和列组成一张表单，若干的表单组成数据库等特点。通常情况下，数据库软件都能将其内部的数据库导出。以 MySQL 为例，可以通过命令行的 MySQL 命令将数据库导出到一个后缀名为.sql 的文件中，该文件格式可以通过 txt 文本编辑器编辑。

2. RDBMS 数据转换

常见的 RDBMS 有 Oracle、MySQL、Access、SQL Server 等。在日常业务中，可能存在数据规模的变化，出现数据库管理系统的变化，例如由 MySQL 转换到 Oracle 数据库管理系统等。大多数数据库管理系统均有数据的导入、导出工具，可以实现数据源到目标的转换。例如，SQL Server 可以通过数据库客户端(SSMS)的界面工具实现数据库与 Excel、数据库与数据库之间的相互转换。

本章小结

通过学习本章中的 Windows 和类 UNIX 下的文本数据格式、Web 数据格式、Excel 数据格式以及常用的数据类型与字符编码和数据格式间相互转换的知识，能进一步加深对数据格式与编码的理解。

第三章 电子表格与文本编辑器

在数据清洗的过程中，最常用当属电子表格与文本编辑器了，掌握它们的功能特性将使我们的数据清洗工作变得既高效、又便捷。本章我们将深入学习如下内容：

使用 Excel 和电子表格应用程序来进行数据操作，具体包含文本分列、字符串的拆分与拼接，异常数据的查找与格式化，数据排序，从电子表格向 Mysql 数据库导出数据，利用电子表格生成 SQL 语句。

使用文本编辑器实现数据的自动抽取与操作，并把它们转换成对我们更为有用的格式，具体内容包含使用正则表达完成数据的查找与替换。修改数据的首行与末行信息以及基于列模式的编辑。

3.1 电子表格中的数据清洗

电子表格在数据清洗方面的功能主要体现在两个方面：一方面它可以将数据组织成列和行，另一方面在于它的内置函数。

1. Excel 的文本分列功能

由于电子表格是采用行和列的设计方案保存数据的，因此在使用这个工具进行数据清洗时，我们首先要做的就是整理好数据。例如，当我们把大量数据粘贴到 Excel 文档的 sheet 电子表格时，这些软件工具首先尝试查找分隔符号，然后根据响应的分隔符把数据拆分成不同的列。但有时，电子表格可能找不到分隔符，这时就需要人为提供更多的指导将数据拆分成不同的列了。例如下面这段文字片段：

```
[2018-12-21 18:06:18]===#张三语文 85 数学 89
[2018-12-21 18:06:19]===#李四化学 89 语文 90
[2018-12-21 18:06:20]===#王五物理 98
```

从上面的文字片段我们可以直观地看出，处于最前面的是时间戳类型，紧接的是===，然后是#和人名，人名后面是成绩。但是当我们把这些信息复制粘贴到 Excel 的 sheet 的时候，是不会自动得到对应列信息的。虽然行向数据的解析是没有问题的，但是由于数据的分隔符号很多是不一致的，因此列向数据是没法自动拆分的，如图 3-1 所示。

如何才能快速地创建列数据，让每个独立的数据都放在自己对应的列中。只有解决了这个问题，我们才能完成更多的任务，比如，求几个人的平均成绩、求其中最高得分者、按照得分高低依次排序等。但依照目前的情况来说，面对这些复杂的字符串文本数据，我们无法轻松地进行数据排序或者利用函数进行数据加工。

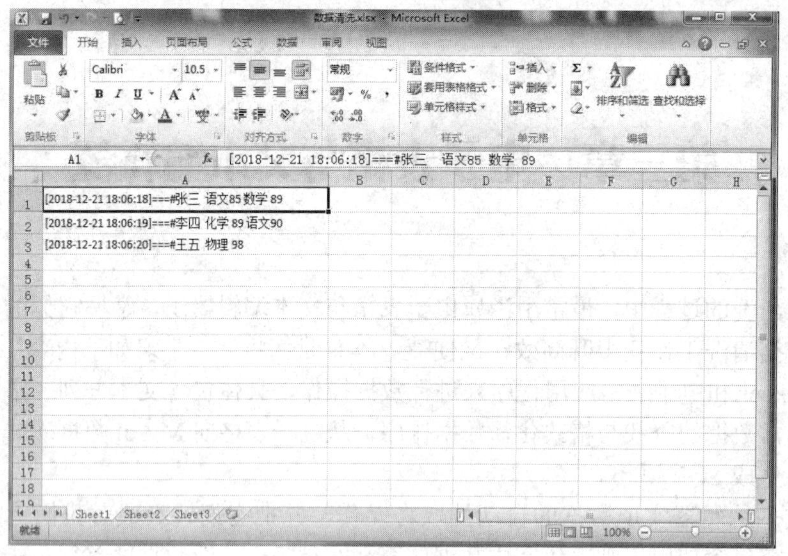

图 3-1 行数据 Excel 表格

要解决这个问题，办法之一就是使用 Excel 的文本分列向导。在向导的第一个步骤中选择固定宽度，在第二个步骤中双击绘制在描述字段土的分割线，操作后的截图如图 3-2 所示，前几列被拆分，多余的分割线也被移除。

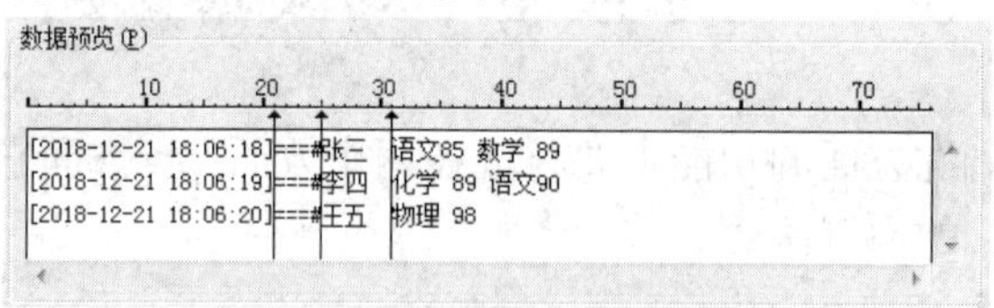

图 3-2 行数据 Excel 分隔

分隔后的结果数据如图 3-3 所示，第一列与第三列将时间和人的姓名区分开了，但是第四列的文本信息并没有被区分开，因为 D 列的文字长度没有办法确定其宽度。所以图 3-3 所示是第一轮文本拆分后的结果。

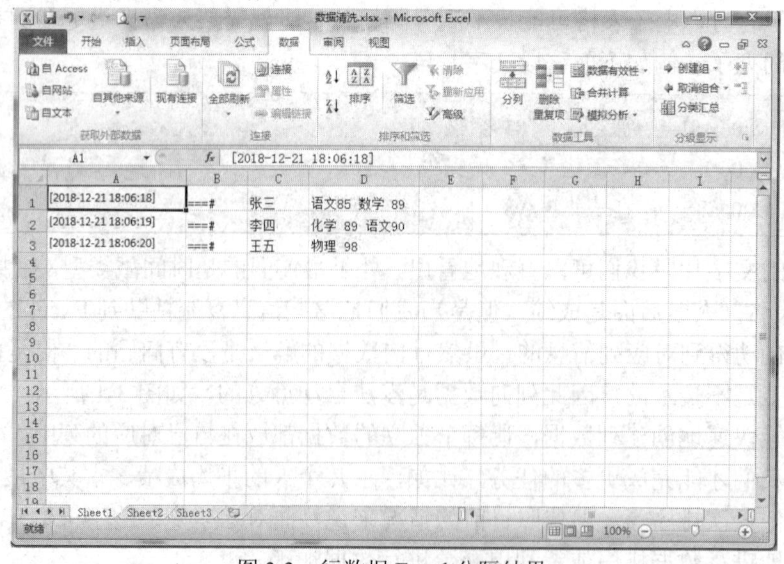

图 3-3 行数据 Excel 分隔结果

基于上面的文本拆分结果，我们还需要执行一次文本分列，但这次只需操作 D 列，这次我们使用分割字符功能来替代固定列宽。首先我们需要对数据做以分析，基于上图我们发现科目和成绩之间有一个或者两个空格符号，因此即使采用了文本分列方式，我们也无法使用两个空格作为分隔符号，所以我们需要使用查找和替换功能把一个或者两个空格替换成一个未使用过的字符。这里我们选择了符号@，如图 3-4 所示。

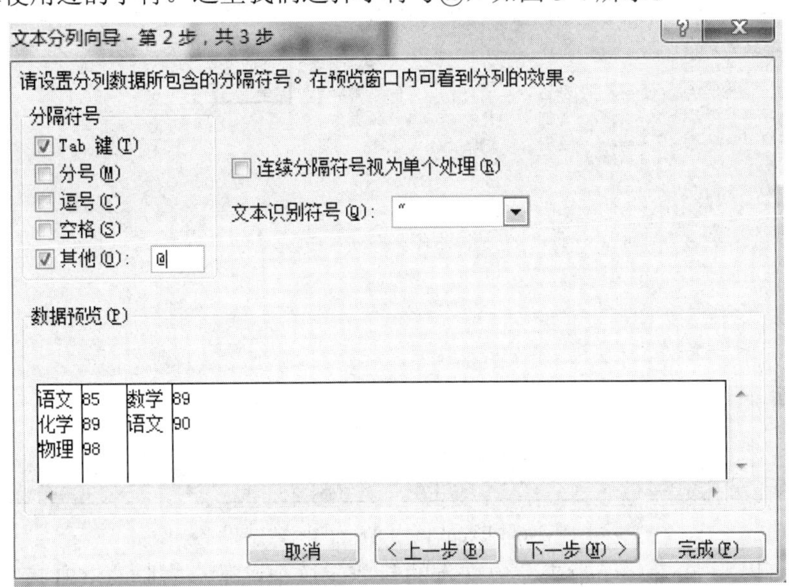

图 3-4　行数据分拆第二步

操作成功后，我们得到如图 3-5 所示的操作结果。

图 3-5　行数据分隔结果

图 3-5 的 F 列中，字符串的开始和结尾处如果还包含字符，则可以通过使用 Trim( )函数去

除字符串前面或者后面的空格。如图 3-6 所示，在 F 列中插入一个新列，然后调用 Trim( )函数。

图 3-6　Excel 调用 Trim( )函数结果

我们还可以用 clean( )函数来完成文本的裁剪。这个函数会去除 ASCII 表中前 32 个字符，就是那些能混杂在文本中的非打印字符。另外，还可以把 clean( )函数套在 trim( )外使用，如 clean(trim(F1))。然后拖拽 G 列就完成了 F 列的所有文本的裁剪，至此清洗任务就完成了。

2. 字符串的拆分

Excel 中没有提供专门的字符串拆分工具，但是我们可以通过 Right( )函数、LEN( )函数以及 Substitude( )函数来实现字符串的拆分。

在 A2 单元格输入“=TRIM(RIGHT(SUBSTITUTE(LEFT(A$1, FIND("座", SUBSTITUTE(A$1, "*", "座", ROW(A1)))-1),"*", REPT(" ", 99)), 99))”，如图 3-7 所示。

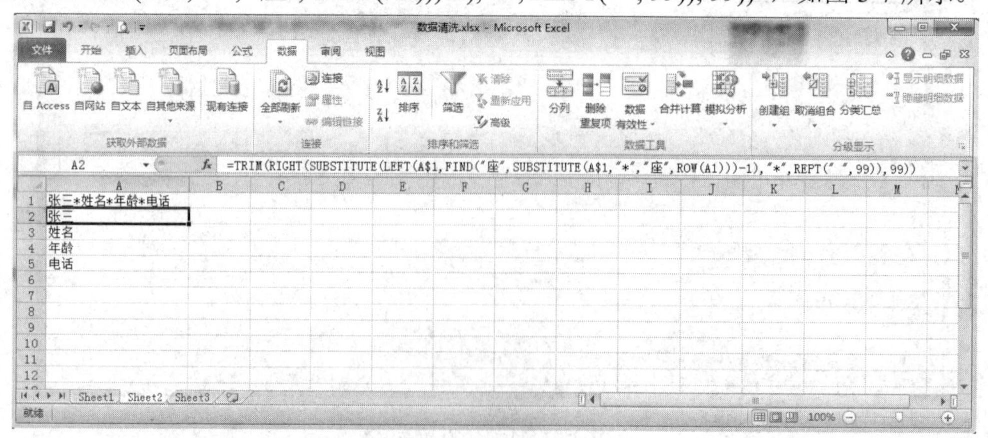

图 3-7　Excel 调用 Trim( )函数结果 1

在 A5 单元格输入“=RIGHT(A$1, LEN(A1)-FIND("座", SUBSTITUTE(A$1, "*", "座", 3)))”，如图 3-8 所示。

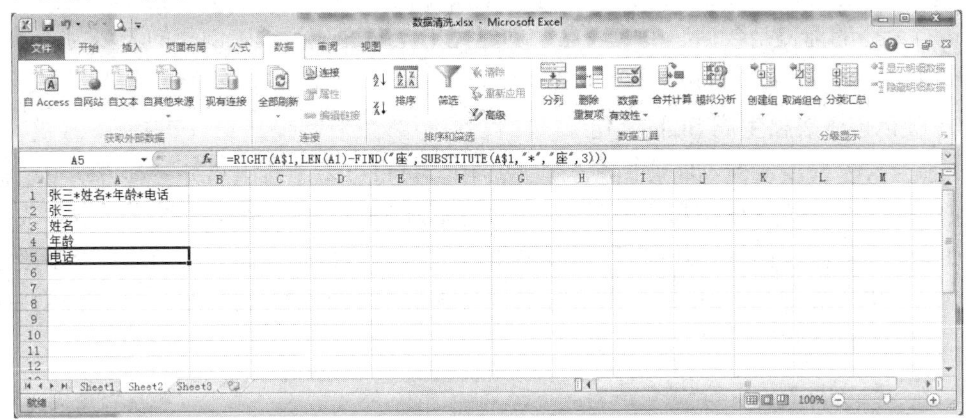

图 3-8　Excel 调用 Trim( )函数结果 2

3. 字符串的拼接

函数 concatenate( )可以接受多个字符串参数(既可以是单元格引用，也可以是带引号的字符串)，将它们连接后放到新的单元格中。在下面的例子中，我们使用 concatenate( )函数将日期和时间两部分字符串组合到一起，该函数在 Excel 和 Google Spreadsheets 中都可以使用，如图 3-9 所示。

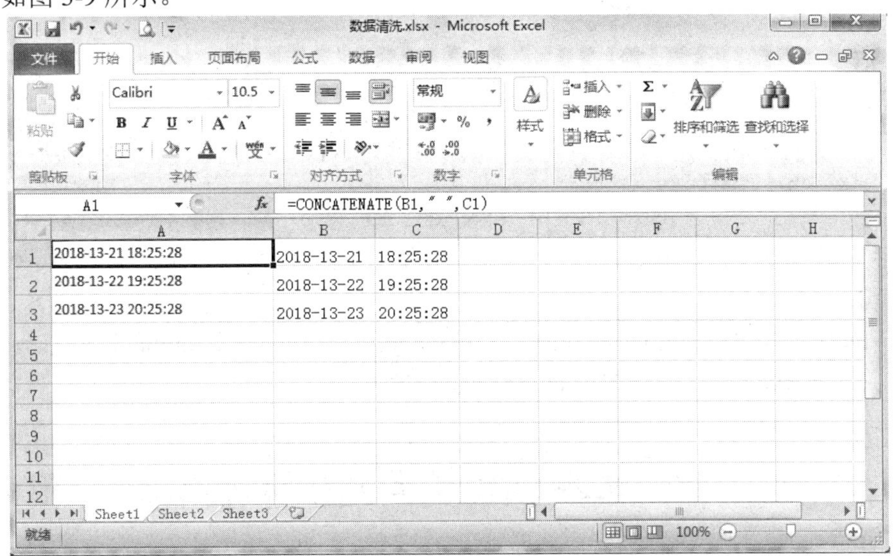

图 3-9　Excel 利用 concatenate( )函数的拆分效果

4. 从关系数据库(以 MySQL 为例)中导入 Excel 数据

许多数据库系统都提供从 CSV 文件导入数据的功能。如果你使用的是 MySQL，就可以使用 MySQL 的 LOAD DATA IN FILE 命令将数据从分隔文件加载到数据库中，至于分隔符号，则完全可以自己指定，请看下面的例子。在 MySQL 的命令行中运行如下命令：

```
load data local infile 'myFile.csv'
 into table topics
```

```
fields terminated by ','
(columns1,columns2,columns3,columns4)
```

运行命令的前提是数据库中的表已经创建完毕。在这个例子中创建的表名为 topics，其中有 4 列，分别为 columns1、columns2、columns3、columns4，分隔符为“，”。

5. 使用电子表格生成 SQL 语句

如果 CSV 数据文件不能被加载到数据库中，也可以考虑使用另外一种方法将数据导入数据库中。这个方法就是利用电子表格构造 insert 语句，然后在数据库中运行生成的命令。如果电子表格中的每一列都代表着数据库中的一个字段，我们只需围绕各个字段添加 SQL 命令 INSERT 所需的组件(引用字符串、圆括弧、命令、分号)，然后将结果拼接起来形成最终完整的 INSERT 命令，如图 3-10 所示。

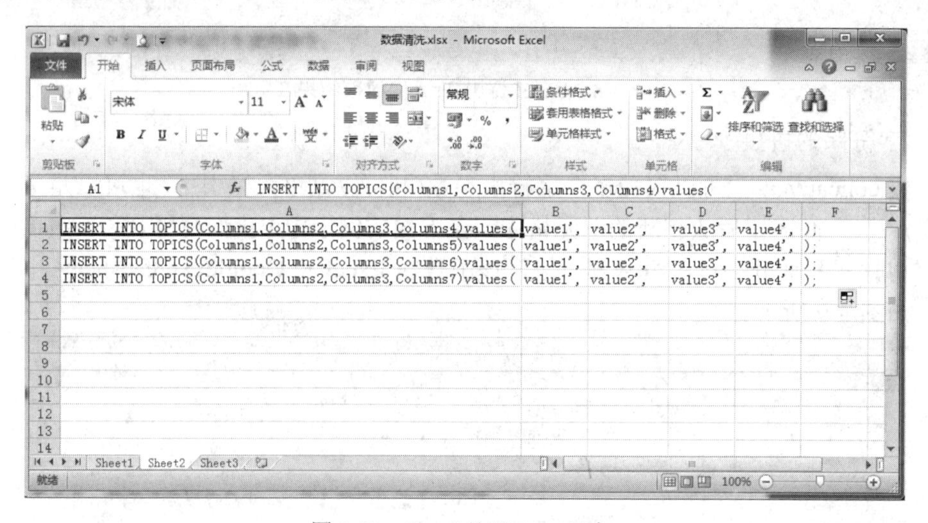

图 3-10 Excel 处理 SQL 语句

最后使用函数 concatenate(A1:F1)将列 A1 到 F1 中的所有内容连接起来得到如下的 insert 语句：

```
INSERT INTO TOPICS(Columns1, Columns2, Columns3, Columns7)
values("value1","value2","value3","value4");
```

3.2 文本编辑器里的数据清洗

文本编辑器是读/写文本文件的首选方案，每个操作系统中都内置有很多文本编辑器，下面介绍文本编辑器的一些基本功能(以 Windows 操作系统下的 EDITPLUS 为例)。我们选用的文本编辑器内置了许多用于文本操作的功能，这里描述的大部分功能都与数据清洗任务有关。在数据清洗过程中可能需要针对同一个数据文件多次运行不同的清洗程序，对文本的调整也是其中一个步骤而已。

1. 改变文本字母大小写

改变文本字母大小写是数据清洗过程中最常见的任务。很多时候我们拿到的数据要么都是大写，要么都是小写，此时我们可以利用截图中的大小写转换功能加以区分。选中所要转换成大写或者小写的文字，选择 Edit 菜单下的 Convert 子菜单。如果需要将文本内容全部转换为大写，则选择 Upper Case；如果文本需要全部转换为小写，则选择 Lower Case；如果要将首字母大写，则选择 Capitalize。如图 3-11 所示。

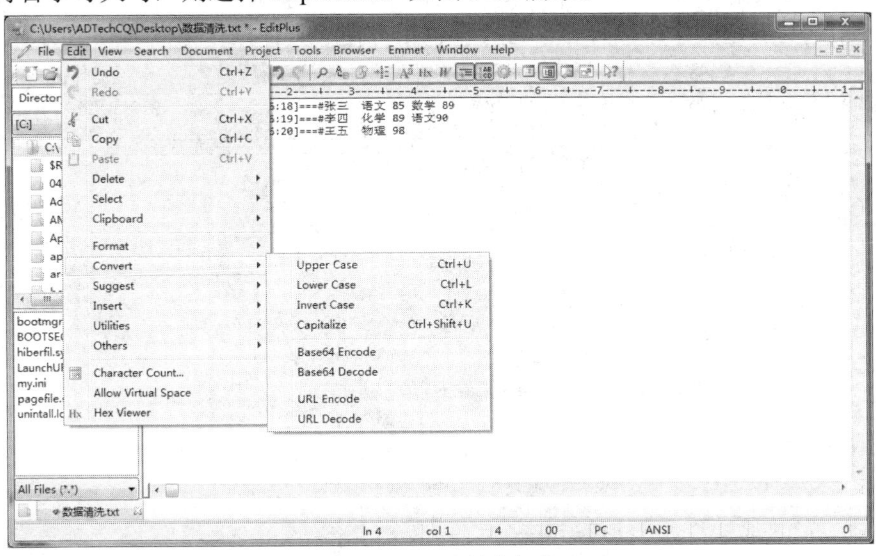

图 3-11　文本转换操作

2. 快速删除行首空格

处理过的文字的行首或者行尾经常会出现因各种原因而产生的空格，所以我们不得不用删除键逐行将它们删除，但是，如果数据量太大则会导致过大的工作量，这时如果使用 Editplus 功能即可解决这个问题。具体操作步骤为：选中“文本”→“编辑”→“格式”→“删除前导空格(Leading Space to Tabs)”或者“裁剪行尾空格(Remove Leading Space)”项。只这一步，所有行首或者行尾的空格都会被彻底清除，具体操作如图 3-12 所示。

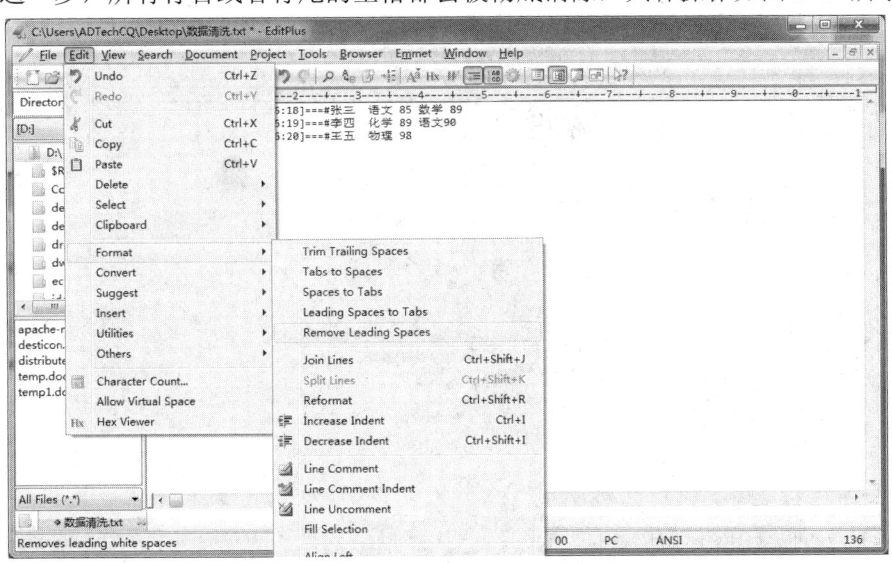

图 3-12　文本删除前导空格操作

3. 在行首插入指定字符

要在每行文字的行首插入一个或者一段字符，可以选择使用 Excel 来处理，也可以使用 Editplus 来解决。具体操作步骤为：选中“文本”→“格式”→“行注释”项，在“输入注释符”里填写所需要添加的文字或者字符即可。Editplus 本来是为代码添加注释符号的，但使用它为普通文字添加行首字符同样也很方便，具体操作如图 3-13 所示。

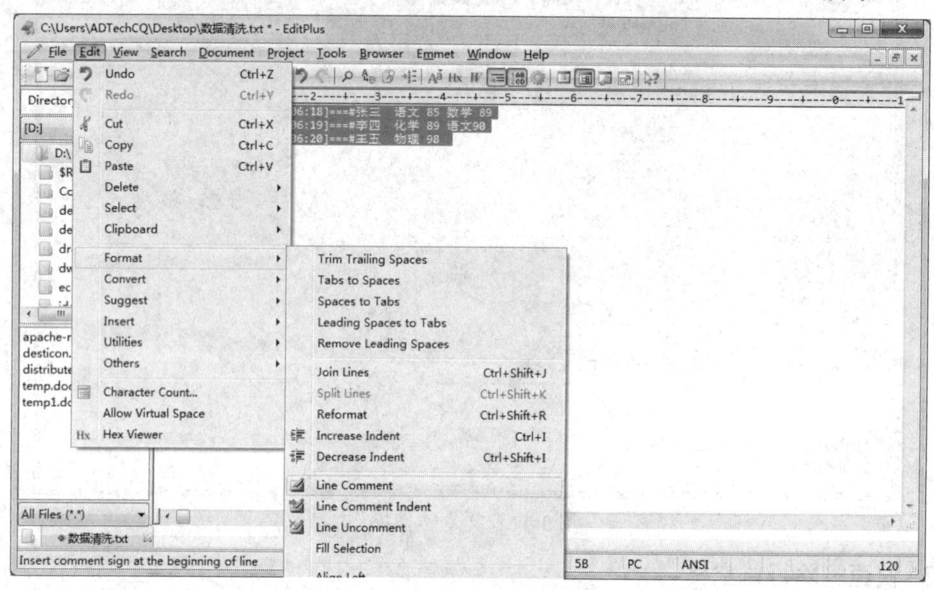

图 3-13 文本添加注释操作

4. 快速删除重复数据

对于多行文本中重复文字或数据，使用 Editplus 即可快速删除这些重复数据。例如，对于下面的例子，选择“编辑”→“删除”→“删除重复行”项操作后，就只剩下不重复的部分了，而之前重复的那些行，也只剩下了一份，如图 3-14 所示。

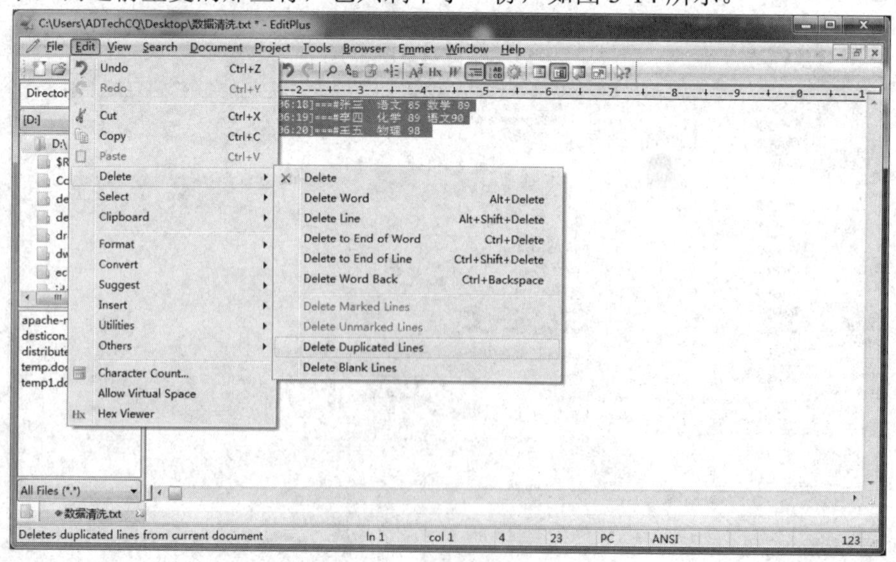

图 3-14 文本删除重复行

5. 在每行行尾插入指定字符

在每行行尾插入指定的文字或字符该怎么处理？例如，若要在每行的行尾添加一个分号，读者就需要学一点正则表达式的知识，然后再用 Editplus 来处理这个问题。Editplus 能完美支持强大的正则表达式，具体操作步骤为：选中“文本”→“搜索”→“替换”项，在“查找”项中输入“\n”（不包含引号）；在“替换”项中输入“;\n”(不包含引号)，同时记得勾选“正则表达式”项，之后点击“替换”。操作之后，每行末都会自动插入了一个分号，需要注意的是最后一行没有添加分号，需要读者手工添加。“\n”在正则表达式中代表换行符号，所以使用正则表达式对换行符进行搜索替换，就能在行尾插入指定文本了，如图 3-15 所示。

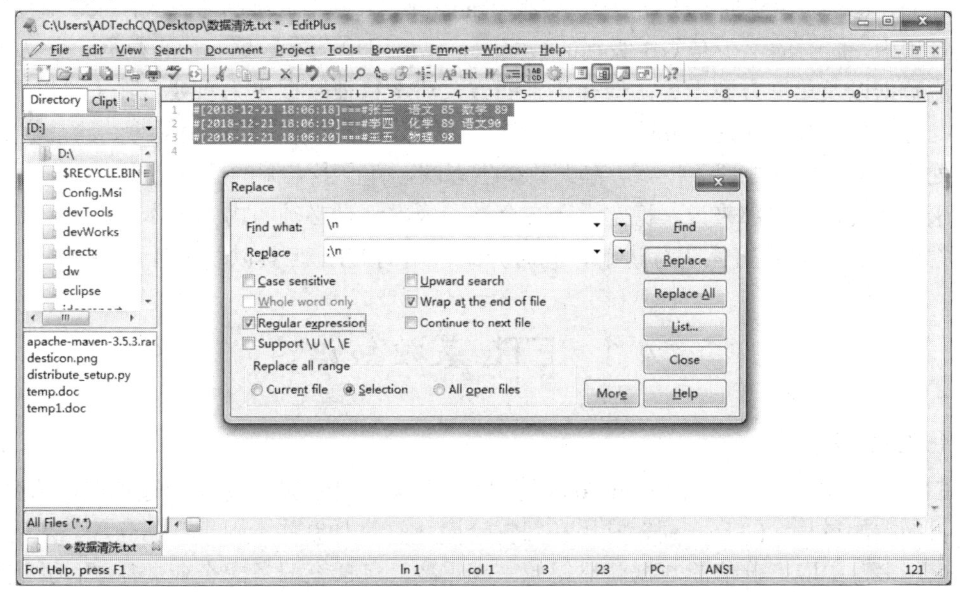

图 3-15　在行末插入指定文本

至此，我们学会了一些非常实用的数据清洗技巧，并学会使用了两个工具：文本编辑器和电子表格应用程序。同时，我们不但学习了电子表格中的各种函数，如用于拆分数据、移动、查找与替换、格式化以及整合数据；还学习了怎么使用文本编辑器，包括许多内置功能，以及如何提高效率，并且在文本编辑器中我们学习了如何使用正则表达式完成文本的替换。

本章小结

本章学习了如何使用电子表格与文本编辑器对数据进行清洗，电子表格与文本编辑器是最常用的两个数据清洗工具。首先学习了电子表格中的各种函数，例如拆分数据、移动查找和替换数据与数据整合；其次学习了怎么使用文本编辑器，包括许多内置功能达到常用数据清洗的目的。

第四章 基本的技术与方法

数据清洗是指将重复、多余的数据筛选清除，将缺失的数据补充完整，将错误的数据纠正或者删除，最后整理成为我们可以进一步加工、使用数据的过程。所谓数据清洗，也就是 ETL 处理，包含抽取(Extract)、转换(Transform)、加载(Load)这三大法宝。在大数据挖掘过程中，面对的至少是 GB 级别的数据量，包括用户基本数据、行为数据、交易数据、资金流数据以及第三方数据等。选择正确的方式清洗特征数据极为重要，除了可以事半功倍外，而且能够保证方案上可行。数据清洗一般分为分析数据、缺失值处理、异常值处理、去重处理、噪音数据处理等步骤。在大数据生态圈，有很多来源的数据使用 ETL 工具，但是对于一个公司的内部来说，稳定性、安全性和成本都是必须考虑的。本章将对当前大数据中常用的 ETL 解决方案进行讲解，同时介绍常用的 ETL 工具以及 ETL 子系统。

4.1 ETL 基础知识

1. ETL 概述

ETL 是英文 Extract Transform Load 的缩写，描述将数据从来源端经过抽取、转换、加载至目的端的过程。ETL 一词较常用在数据仓库，但其对象并不限于数据仓库。随着数据量越来越多，提取有价值的数据就显得越来越重要，包括充分考虑企业的需求，并进行数据的评估及数据集成和给最终用户提交接口界面等因素。

1) 业务需求

业务需求是数据仓库最终用户的信息需求，它直接决定了数据源的选择。在许多情况下，最初对于数据源的调查不一定能完全反映数据的复杂性和局限性，所以在 ETL 设计时，需要考虑原始数据是否能解决用户的业务需求，同时，业务需求和数据源的内容也是不断变化的，因此需要不断地对 ETL 进行检验和讨论。

对数据仓库典型的需求包括：

(1) 数据源的归档备份以及随后的数据存储；

(2) 任何造成数据修改的交易记录的完整性证明；

(3) 对分配和调整的规则进行完备的文档记录；

(4) 数据备份的安全性证明，不论是在线还是离线进行。

2) 数据评估

数据评估是使用分析方法来检查数据，并充分了解数据的内容和质量。设计好的数据评估方法能够处理海量数据。

例如，企业的订单系统，能够很好地满足生产部门的需求。但是对于数据仓库来说，因为数据仓库使用的字段并不是以订单系统中的字段为中心的，因此订单系统中的信息对于数据仓库的分析来讲是远远不够的。

数据评估是一个系统的检测过程，主要针对 ETL 所需要的数据源的质量、范围和上下文进行检查。对于一个清洁的数据源，只需要进行少量的数据置换和人工干预就可以直接加载和使用。但对于“脏”数据源，则需要进行以下几方面操作处理：

(1) 完全清除某些输入字段；

(2) 补入一些丢失的数据；

(3) 自动替换掉某些错误数据值；

(4) 在记录级别上进行人工干预；

(5) 对数据进行完全规范化的表述。

3) 数据集成

在数据进入数据仓库之前，需要将全部数据无缝集成到一起。数据集成可采用规模化的表格来实现，也就是在分离的数据库中建立公共维度实体，从而快速构建报表。

在 ELT 系统中，数据集成是数据流程中一个独立的步骤，叫做规格化步骤。

4) 最终用户提交界面

ETL 系统的最终步骤是将数据提交给最终用户，提交过程占据十分重要的位置，并对构成最终用户应用的数据结构和内容进行严格把关，确保其简单快捷。将使用复杂、查询缓慢的数据直接交给最终用户是不负责的，经常犯的一个错误就是将完全规范化的数据模型直接交给用户后，就不再过问。

2. ETL 的基本构成

传统的 ETL 由数据抽取、数据转换、加载等过程组成，其结构如图 4-1 所示。

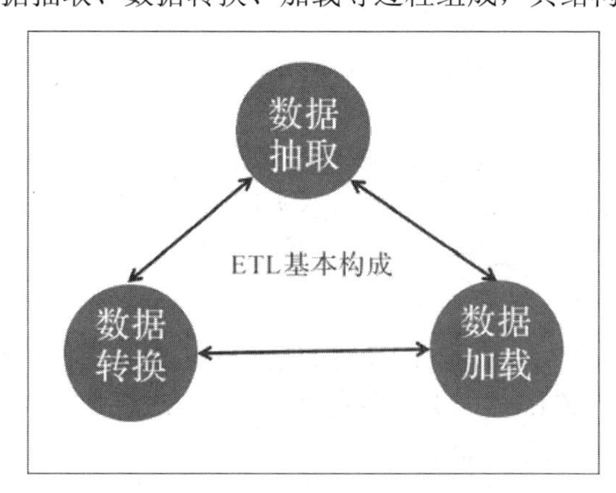

图 4-1　ETL 的基本构成

1) 数据抽取

所谓数据抽取，就是从源端数据系统中抽取目标数据系统需要的数据。

进行数据抽取的原则：一是要求准确性，即能够将数据源中的数据准确抽取到；二是不对源端数据系统的性能、响应时间等造成影响。数据抽取可分为全量抽取和增量抽取两种方式。

(1) 全量抽取。全量抽取如同数据的迁移和复制，它是将源端数据表中的数据一次性全部从数据库中抽取出来，再进行下一步操作。对于文件数据一般会采用全量抽取。

(2) 增量抽取。增量抽取主要是在第一次全量抽取完毕后，需要对源端数据中新增或修改的数据进行抽取。增量抽取的关键是抽取自上次以来，数据表中已经变化的数据。

例如，在新生入学时，所有学生的信息采集属于全量抽取；在后期，如果有个别学生或部分学生需要休学，对这部分学生信息的操作即属于增量抽取。增量抽取一般有四种抽取模式。

① 触发器模式，这是普遍采用的一种抽取模式。一般是建立三个触发器，即插入、修改、删除，并且要求用户拥有操作权限。当触发器获得新增数据后，程序会自动从临时表中读取数据。这种模式性能高、规则简单、效率高，且不需要修改业务系统表结构，即可实现数据的递增加载。

② 时间戳方式，即在源数据表中增加一个时间戳字段。当系统修改源端数据表中的数据时，同时也修改时间戳的值。在进行数据抽取时，通过比较系统时间和时间戳的值来决定需要抽取哪些数据。

③ 全表对比方式，即每次从源端数据表中读取所有数据，然后逐条比较数据，将修改过的数据过滤出来。此种方式主要采用 MD5 校验码。全表对比方式不会对源端表结构产生影响。

④ 日志对比方式，即通过分析数据库的日志来抽取相应的数据。这种方式主要是在 Oracle 9i 数据库中引入的。

以上四种方式中，时间戳方式是使用最为广泛的，银行业务中采用的就是时间戳方式。

2) 数据转换

数据转换就是将从数据源获取的数据按照业务需求，通过转换、清洗、拆分等，加工成目的数据源所需要的格式。数据转换是 ETL 过程中最关键的步骤，它主要是对数据格式、数据类型等进行转换。它可以在数据抽取过程中进行，也可以通过 ETL 引擎进行转换。数据转换的原因非常多，主要包括以下三种：

(1) 数据不完整，指数据库的数据信息缺失。这种转换需要对数据内容进行二次输入，以进行补全。

(2) 数据格式错误，指数据超出数据范围。可通过定义完整性进行模式约束。

(3) 数据不一致，即主表与子表的数据不能匹配。可通过业务主管部门确认后，再进行二次抽取。

3) 数据加载

数据加载是 ETL 的最后一个步骤，即将数据从临时表或文件中加载到指定的数据仓库中。一般来说，有直接 SQL 语句操作和利用装载工具进行加载两种方式，最佳装载方式取决于操作类型以及数据的加载量。

3. ETL 技术选型

对于 ETL 技术的选型，主要从成本、人员、案例和技术支持来衡量。目前流行的三种主要技术为 Datastage、Powercenter 和 ETL Automation。

在 Datastage 和 Powercenter 中，ETL 技术选型既可以从对 ETL 流程的支持，对元数据的支持和对数据质量的支持来考虑，同时又可以从兼顾维护的实用性、定制开发的支持等方面考虑。在 ETL 中，数据抽取过程多则上百、少则十几个，它们之间的依赖关系、出错控制及恢复的流程都是需要考虑的。

对于 ETL Automation 的技术选型，并没有将重点放在转换上，而是利用数据本身的并行处理能力，用 SQL 语句来完成数据转换工作，重点放在对 ETL 流程的支撑上。

4.2 数据清洗的技术途径

数据清洗中，通常包含一般文本数据清洗、Web 数据清洗以及关系数据库数据清洗，数据清洗的技术途径如图 4-2 所示。

图 4-2 数据清洗的技术途径

1. 文本清洗路线

对文本进行清洗主要包括电子表格中的数据清洗和文本编辑器的数据清洗。对于电子表格中的数据清洗，主要是利用表格中的行和列，以及电子表格中的内置函数。我们通常将一些数据复制到电子表格中，电子表格根据相应分隔符(制表位或逗号或其他)把数据分成不同的列。有时候会根据系统不同，人为地制定分隔符。对于文本编辑器中的数据清洗，主要是许多操作系统中集成了文本编辑器，如 Windows 操作系统中的文本编辑器。在进行文本清洗前，需要对数据进行整理，包括对数据中的数据改变大小写、在文本每一行前端增加前缀，主要是为了在转换过程中，有可以参考的分隔符。

2. RDBMS 清洗路线

RDBMS 即关系型数据库管理系统，它作为经典的、长期使用的数据存储解决方案，成为数据存储的标准。设计的数据库往往存在设计缺陷，因此需要对数据库的数据进行清洗，通过清洗可以找到异常数据。通常使用不同的策略来清洗不同类型的数据。对于 RDBMS 数据的清洗，有两种方式可以选择，即可以先把数据导入数据库，然后在数据库端进行清洗；也可以在电子表格或文本编辑器中进行清洗。具体选择哪种方案，要根据不同的数据进行不同的选择。

3. Web 内容清洗路线

Web 内容清洗，主要是指清洗来自网络的数据，为其构建合理的清洗方案。Web 数据主要来自 HTML 网页，HTML 网页的页面结构决定了采取哪种方式进行情况。

1) HTML 页面结构

从 Web 中进行数据抽取的方式有两种，一种是行分隔方式，另一种是树形结构方式。

在行分隔方式中，我们把网页的数据看做文本内容，把网页中的标签理解为分隔符，这样在进行数据抽取时就比较容易。

在树形结构方式中，把网页中的内容理解为由标签组成的树形结构，每个标签看做是一个节点，所有节点组成一棵树。这样就可根据树中元素的名字和位置提取相应的数据。

2) 清洗方式

Web 内容清洗方式有两种，一种是逐行方式，另一种是使用树形结构方式。

在逐行方式中，采用基于正则表达式的 HTML 分析技术，它是基于文件中的分隔符，配合正则表达式，获取需要的数据。

在树形结构方式中，可以使用工具实现数据的清洗。一种是使用 Python 中的 Beautiful Soup 库；另一种是使用一些基于浏览器的工具，如 Scraper 工具。

4.3 常用的 ETL 工具

1. ETL 功能

评价 ETL 设计工具的好坏通常从不同的角度来考虑，主要包括对多平台的支持、对数据源格式的支持、数据的转换、数据的管理与调试、数据的集成与开放性以及元数据的管理等方面，如图 4-3 所示。

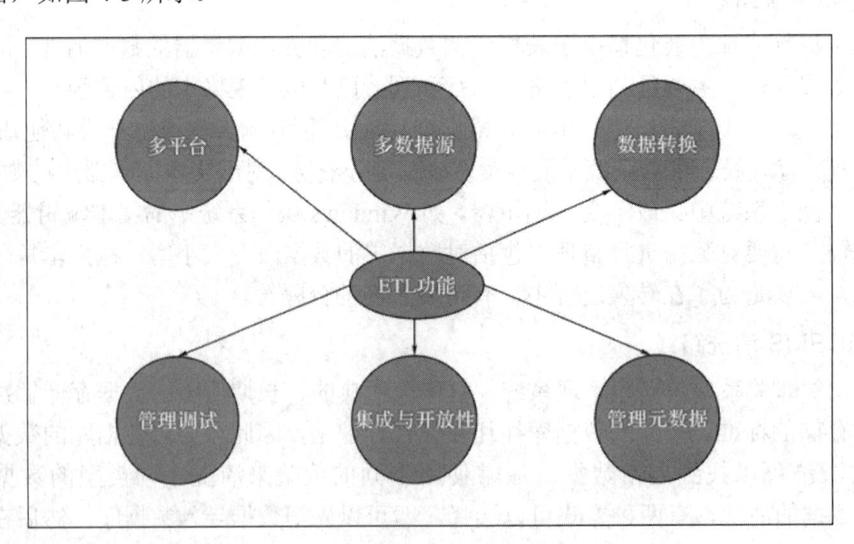

图 4-3 ETL 功能展示

1) 多平台

业务数据量的飞速增长，对系统的可靠性提出了更高的要求。对于海量的数据抽取，往往要求在有限的时间内完成。所以，平台对 ETL 开发工具的支持成为衡量一个开发工具的重要指标。目前主流的平台包括 Windows、Linux、IBM AIX、Mac OS 等。

2) 多种数据源

开发工具对数据源的支持非常重要，不仅要考虑项目开发中各种不同类型的数据源，还要考虑数据源的接口类型。例如，在数据抽取时，使用原厂商自己的专用接口，还是通用接口，效率会大不一样。数据源包括 Oracle、SQL Server、DB2、Sybase、Microsoft Excel 等。

3) 数据转换

由于业务系统中的数据存在数据时间跨度大、数据量多而乱的特点，会造成在数据业务系统中可能会有多种完全不同的存储格式，也有可能业务系统存储的数据需要进行计算才能够抽取，因此，ETL 功能中必须要有对数据进行计算、合并、拆分等转换功能。

4) 具备管理和调试功能

随着数据业务量的增大对数据抽取的要求越来越高，专业的 ETL 工具也要求具备管理和调度的功能，主要包括抽取过程的备份和恢复、版本升级、版本管理、支持统一的管理平台等功能。

5) 集成性和开放性

随着国内数据仓库技术的不断发展，大多数情况下一般项目只会用到 ETL 工具的少数几个功能，开发商将 ETL 工具的主要功能模块集成到自己的系统中，这样可以减少用户的操作错误。这就要求 ETL 能够具有较好的集成性和开放性。

6) 管理元数据

元数据是描述数据的数据，它是对业务数据本身及其运行环境的描述与定义，主要用于支持业务系统应用。元数据的主要功能是描述对象，即对数据库、表、列、主键等的描述。在当前信息化建设中，一些应用的异构性和分布性越来越普遍，使用统一的元数据成为重要的选择，合理的元数据可以打破以往信息化建设中的“信息孤岛”等问题。

2. 常用的 ETL 开源工具介绍

基于以上的基本功能要求和工作实际我们选取了如下常用的 ETL 开源工具：

1) Pentaho Kettle

Kettle 是一款国外的开源 ETL 工具，纯 Java 编写，可以在 Windows、Linux、UNIX 上运行，无需安装，数据抽取高效稳定。

Kettle(中文译名：水壶)，该项目的主程序员 Matt 希望把各种数据放到一个壶里，然后以一种指定的格式流出。

Kettle 将 ETL 流程编译为 XML 格式，学起来十分简单，Pentaho Data Integration(Kettle) 使用 Java(Swing)开发。Kettle 作为编译器对以 XML 格式书写的流程进行编译。Kettle 的 JavaScript 引擎(和 Java 引擎)可以深层地控制对数据的处理。

2) OpenRefine

OpenRefine 最初叫做 Freebase Gridworks，是由一家名为 Metaweb 的公司开发的，主要用于调试各种表格，以避免随着时间的推移出现错误，这对于任何数据库来说都是一个很大的问题。后来，该软件被谷歌收购，更名为 Google Refine，并发布了第 2 版。2012 年 10 月，Google Refine 被社区接管，并以 OpenRefine 为名进行了开源。

3) DataWrangler

DataWrangler(中文译名：牧马人)是一款由斯坦福大学开发的在线数据清洗、数据重组软件，主要用于去除无效数据，将数据整理成用户需要的格式等。使用 DataWrangler 能节约用户花在数据整理上的时间，从而使其有更多的精力用于数据分析。

4) Hawk

Hawk 的含义为“鹰”，形容能够高效、准确地抓取和清洗数据。Hawk 是一种数据抓取和清洗工具，它依据 GPL 协议开源，软件基于 C#实现，其前端界面使用 WPF 开发，支持插件扩展。Hawk 能够灵活高效地采集网页、数据库、文件等来源的数据，并通过可视化拖曳操作，快速地进行生成、过滤、转换等数据操作，快速建立数据清洗解决方案，非常适合作为网页爬虫和数据清洗工具。

4.4 ETL 子系统介绍

ETL 系统主要是从数据源中将数据抽取出来，进行加工处理，并加载到用户业务系统中。采取哪一种数据处理方式，依赖于不同的数据源、不同的数据特性以及不同的脚本语言。所有这些都是依靠 ETL 的子系统来实现的。ETL 子系统比较多，主要包括抽取子系统，清洗和更正子系统、数据发布类子系统和 ETL 环境管理子系统。

1. 抽取

抽取类子系统中，主要包括数据分析系统、数据增量捕获系统和数据抽取系统。

数据分析系统主要用来分析不同类型的数据源，包括数据源的格式、数据的类型、数据的内容等。

数据增量捕获系统主要是捕获数据源中发生了改变的数据。在开源 ETL 工具 Kettle 中，可通过时间戳的方式来捕获数据的变化。

数据抽取系统主要是从不同的数据源抽取数据，通过数据的过滤和排序以及数据格式的转换，迁移到 ETL 环境，进行数据暂存。

2. 清洗和更正数据

清洗和更正数据子系统主要包括数据清洗系统、错误处理系统、审计维度系统、重复数据排查系统和数据一致性系统。

数据清洗系统主要是根据系统业务需求对数据源中的数据进行清洗，提高数据的质量。通过清洗，可以找到错误的数据，并进行更正。在数据清洗系统中，数据业务人员、源系统开发人员、ELT 开发人员都有义务来完成数据的清洗。

3. 数据发布

数据发布类子系统主要加载和更新数据仓库数据，包括数据缓慢变化维度处理系统、迟到维度处理系统、代理键生成系统等。这里主要讲述数据缓慢变化维度处理系统。

数据缓慢变化维度处理系统是多维度数据仓库的基础，它保存了对事实表进行分析的信息。例如，如果业务系统修改了客户的信息，维度变更也会根据不同的规则变更数据仓库中的数据维度。变更方式可采用覆盖、增加新行、增加新列、增加小维度表、分离历史表等方式。

4. 管理 ETL

管理 ETL 系统主要是对 ETL 开发环境进行设置，包括备份系统、恢复和重新启动子系统、工作监控系统、问题报告系统、版本控制系统等。

本章小结

本章对数据清洗的基本技术与常用方法做了系统的介绍，从 ETL 基础知识到各种数据清洗的技术途径以及 ETL 的常用工具做了具体的分析与对比，引导读者根据自身的需要对需要清洗的数据选择合适的工具。最后，还介绍了常用的 ETL 子系统及其在数据清洗过程中的作用。以期读者能对数据数据清洗的技术、方法、工具有初步的认识。

第五章 数据抽取

数据的抽取通常分为全量抽取和增量抽取。其中，全量抽取是将数据源中的数据原封不动地全部抽取出来，转换成ETL工具可以识别的格式，通常用于大规模的数据迁移或者数据复制；增量抽取则只抽取上次数据源被抽取之后的新增或修改的数据。在数据的抽取过程中，因为效率和时间复杂度的问题，增量抽取比全量抽取更加宽泛。但是如何捕获变化的数据是增量数据抽取的技术核心。

本章针对文本文件的数据抽取、Web文件的数据抽取以及关系型数据库文件的数据抽取等问题进行了详细的讲解，其中，重点讲解了如何进行增量数据的抽取。

5.1 文本文件的数据抽取

1. 文本文件抽取

文本文件抽取的基本方式是通过文本结构分析器或者人工分析，找出文本文件中所用到的分隔符，把分隔符左右两边的内容作为两个字段值进行抽取。

文本文件抽取实例如下：

假设需要被抽取的文本文件为TxtExtract_test.txt，文件内容如图5-1所示。

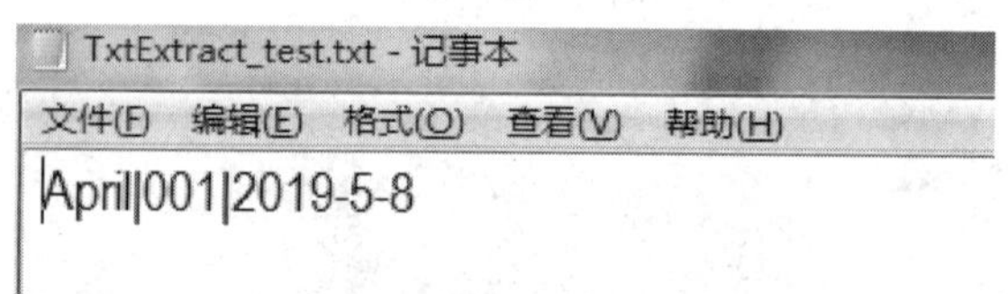

图5-1 文件内容

具体操作过程如下：

(1) 人工分析文本文件中的分隔符，TxtExtract_test.txt文件的分隔符为“|”。

(2) 打开“Kettle”工具软件，在左侧导航栏中的主对象树中选择“转换”项，右键选择“新建”项，创建一个新的转换“trans_txtExtract_test”文件，双击“DB连接”项后创建新的数据连接。本例中，创建了一个“MySQL数据连接”。

若要实现如图5-2所示的数据连接成功的前提条件还需要在本机的MySQL数据库服务器上创建test数据库，否则点击“测试”，会提示“UnKnown Database test”，提示test数据库未知的异常。

(3) 在“核心对象”栏中，选择“输入”，双击“文本文件输入”，在创建的转换trans_txtExtract_test工作区中添加文本文件输入的控件对象。

(4) 双击打开“文本文件输入”控件，进入文本文件输入属性设置。在“文件”列举中点击浏览，在弹出的文件浏览器中选中需要被抽取的文本文件 TxtExtract.txt。

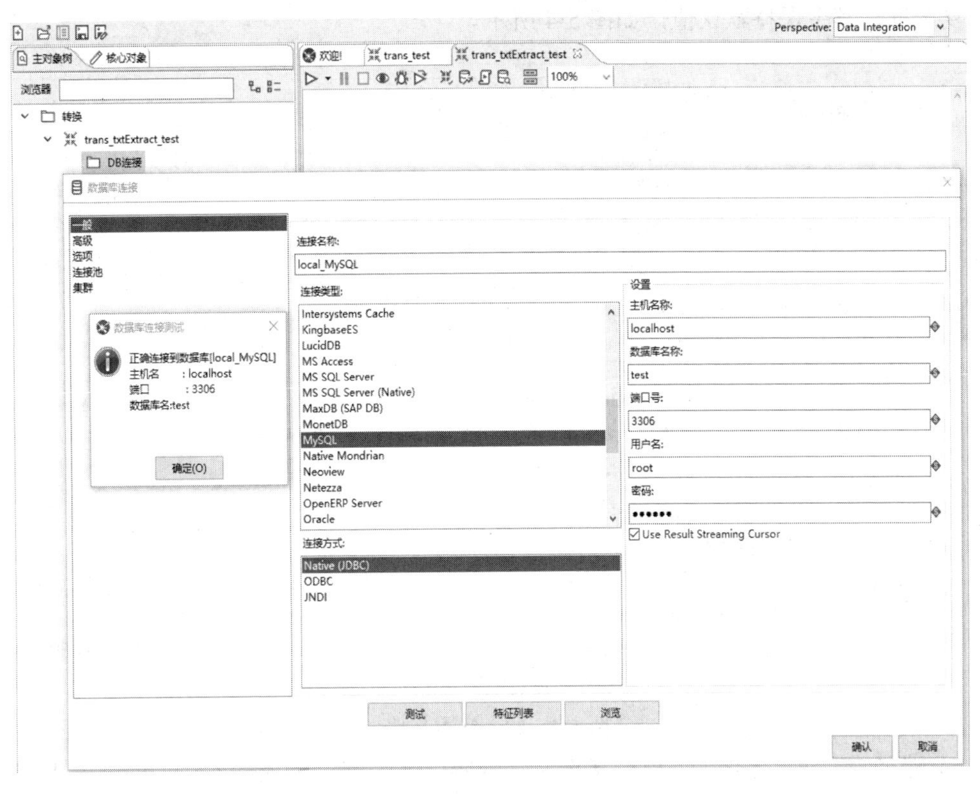

图 5-2　MySQL 的数据连接

(5) 点击“增加”，把文件添加到选中的文件列表中，如图 5-3 所示。

文本文件输入
步骤名称　文本文件输入
文件　内容　错误处理　过滤　字段　其他输出字段
文件类型　CSV
分隔符　|　Insert TAB
文本限定符　"
在文本限定符里允许换行?
逃逸字符
头部　头部行数据　1
尾部　尾部行数量　1
包装行?　以时间包装的行数　1
分页布局 (printout)?　每页记录行数　80
文档头部行　0
压缩　None
没有空行
在输出包括字段名?　包含文件名的字段名称
输出包含行数?　行数字段名称
按文件取行号
格式　DOS
编码方式
记录数量限制　0
解析日期时候是否严格要求?
本地日期格式　zh_CN
结果文件名
添加文件名
Help　确定(O)　预览记录　取消(C)

图 5-3　添加文件

(6) 选择“内容”选项卡，不改变默认的文件类型，修改分隔符为“|”，取消“头部”后的复选框，其余保持默认值，如图 5-4 所示。

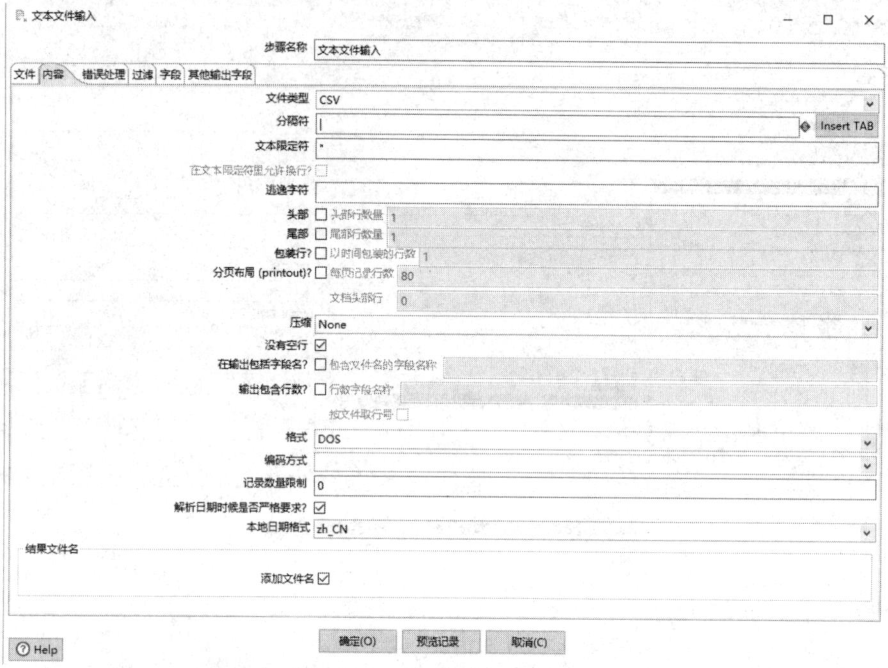

图 5-4　输入文本文件

(7) 选择“字段”选项卡，根据文本文件内容，键入三个新字段名称：name、id、date，再分别指定字段类型，这里均指定为 String 型；点击页面下方的“预览记录”项，则把从文本文件中的内容根据设定的字段进行抽取并预览显示，如图 5-5 所示。

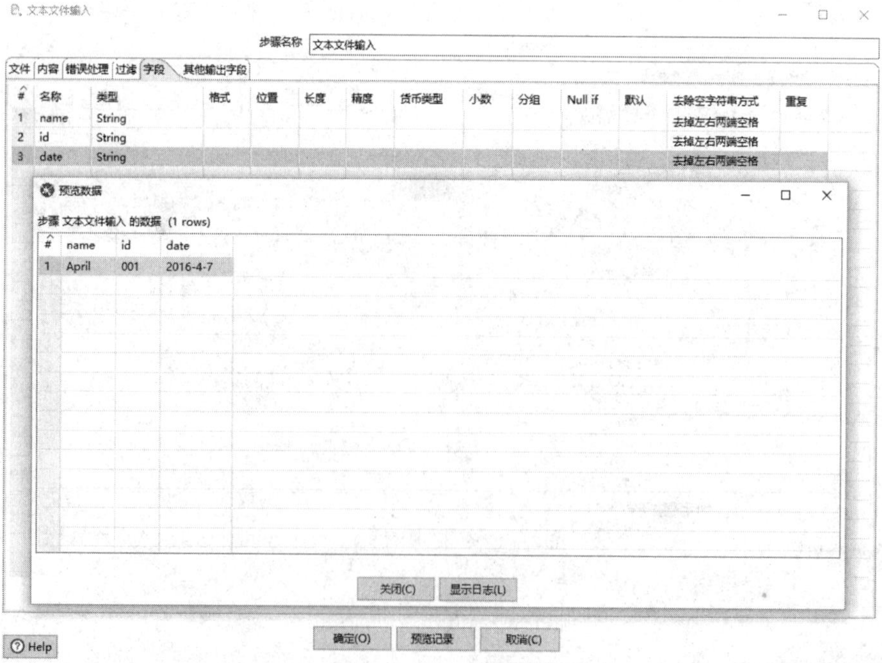

图 5-5　输入文本文件

2. 制表符文件

在文本文件的编辑中，如果将一系列数据作类似于表格形式的分隔，让所有的数据信息看起来更容易识别，这就需要制表位来实现了。从本意上说，制表位指的是文字或符号在水平标尺上的位置，它指定了文字缩进的距离或一栏文字开始的位置，使用户能够向左、向右或居中对齐文本行，或者将文本与小数字符或竖线字符对齐。在众多操作系统和常用的文本编辑器中，键盘上的 Tab 键点击一次作为插入一个制表符的默认按键。

一般情况下，制表符的类型包括左对齐、居中对齐、右对齐、小数点对齐和竖线对齐等。通过对不同制表符位置的设置，每输入一项数据后，按一下 Tab 键，光标就会根据制表位的设置，在数据后面插入一个制表符。被制表符分隔过的文本数据，在识别程度上比没使用制表符的文本高，同时也更利于文本数据的抽取。

5.2 Web 文件的数据抽取

1. Web 文件的数据抽取分类

Web 数据抽取技术是研究如何获取存在于 Web 上的数据，一般来说，Web 文件的数据抽取可以分为如下三类：

1) HTML 文件抽取

采用人工方法进行 HTML 的数据抽取，其主要任务是通过人工对网页源码结果的分析，借助编程语言，使用正则表达式，匹配 HTML 中的标签和标签属性，将有用的、需要的数据过滤出来，实现 HTML 文件的数据抽取工作。

2) JSON 数据抽取

JSON 的数据表现直截了当，通过花括号({})包裹，冒号(:)前面是数据的键，后面是数据的值，多个数据之间用逗号(,)分隔；若存在 JsonArray，则用方括号([])把数组的内容包裹起来。这种方式完全免除了对 HTML 源码标签和属性的分析，减轻了人力负担。

3) XML 数据抽取

在 Kettle 中可以使用两种方式读取和解析 XML 文件，分别是 Get data from xml 和 XML Input Stream (StAX)。

2. Web 文件的数据抽取步骤

下面以 JSON 数据抽取为例来描述 Web 文件的数据抽取步骤：

(1) 选择 JSON 文件，文件名为 chinacitylist.js。如果使用 Kettle 读取 JSON 文件，则文件的后缀名需要改为 js，让 Kettle 将该文件作为一个 JavaScript 文件来读取。

(2) 在 Kettle 的核心对象树中选择“Input”项，而不是“输入”项。在“Input”中，选中“JSON Input”对象，双击或将其拖动到转化的编辑区域，根据读取的 JSON 文件的内容将对象名称修改为“JSONInputChinaCity”。

(3) 双击该对象，并进行属性设置。在“文件”选项卡中，先“浏览”找到需要抽取的 JSON 文件；再按“增加”按钮，将选中的文件添加到“选中的文件”列表中，如图 5-6 所示。注意，JSON 文件的后缀名已经改为了 js 文件。

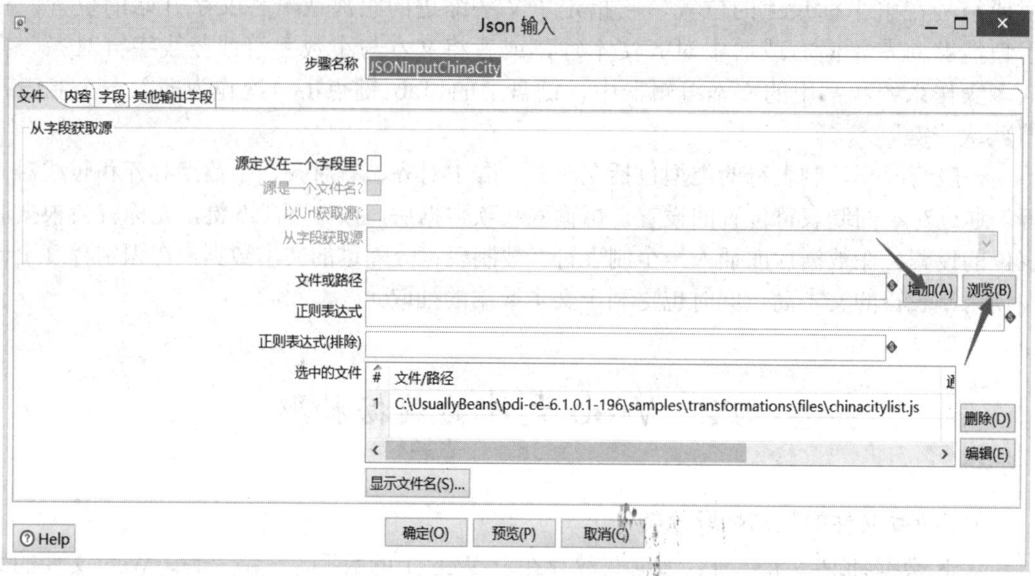

Json 输入
步骤名称 JSONInputChinaCity
文件 内容 字段 其他输出字段
从字段获取源
源定义在一个字段里?
源是一个文件名?
以Url获取源
从字段获取源
文件或路径 增加(A) 浏览(B)
正则表达式
正则表达式(排除)
选中的文件 # 文件/路径
1 C:\UsuallyBeans\pdi-ce-6.1.0.1-196\samples\transformations\files\chinacitylist.js
删除(D) 编辑(E)
显示文件名(S)...
Help 确定(O) 预览(P) 取消(C)

图 5-6　增加文件

(4) 在“字段”选项卡中，对需要抽取的 JSON 文件的字段进行指派，这也是 JSON 文件抽取和之前提到的所有文件类型抽取的最大不同。“JSON Input”缺少自动获取 JSON 文件的字段，需要手动输入，且路径必须准确；同时，对于 JSON 文件中需要抽取的内容，“JSON Input”也有一些特殊要求，如图 5-7 所示。

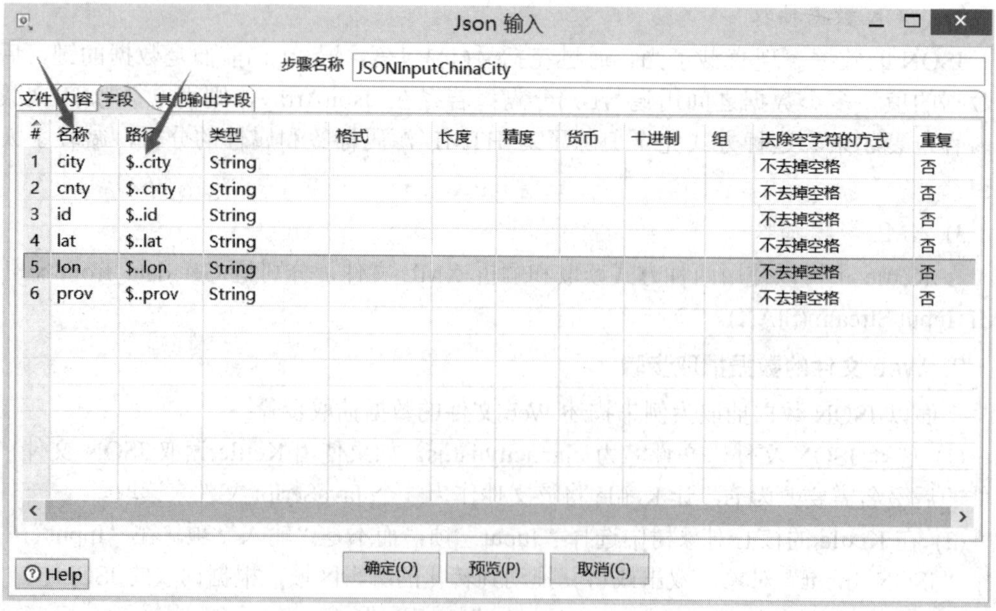

Json 输入
步骤名称 JSONInputChinaCity
文件 内容 字段 其他输出字段

#	名称	路径	类型	格式	长度	精度	货币	十进制	组	去除空字符的方式	重复
1	city	$..city	String							不去掉空格	否
2	cnty	$..cnty	String							不去掉空格	否
3	id	$..id	String							不去掉空格	否
4	lat	$..lat	String							不去掉空格	否
5	lon	$..lon	String							不去掉空格	否
6	prov	$..prov	String							不去掉空格	否

Help 确定(O) 预览(P) 取消(C)

图 5-7　设置 JSON 字段

5.3 关系型数据库数据抽取

在企业系统的日常运营与扩展性开发过程中，都会遇到数据库方面的问题，如数据库数据的导入/导出、数据的抽取以及从传统关系型数据转移到非关系型数据库系统的问题。

1. 数据抽取

对于关系型数据库数据的抽取，本小节从数据的导入/导出、采用 ETL 工具抽取数据以及从关系型数据库(SQL)到非传统关系型数据库(NoSQL)抽取三个方面来介绍。

1) 数据的导入/导出

数据导入/导出一般涉及的问题就是相同类型数据库的备份和还原。因为数据库除包含数据表、视图、触发器等结构性工具性成分外，最多的则是其中的数据信息。为了防止数据库服务器异常、恶意攻击、数据库管理员的误操作等情况的发生，数据的导入/导出作为最基本的一项数据库抽取操作显得尤为重要。

2) 采用 ETL 工具抽取数据

不同 DBMS 之间也存在着较大的区别。因为每种 DBMS 之间的 SQL 语法和变量类型所存在的差异，所以每一种 DBMS 的脚本都是专用的，无法直接通过 DBMS 进行直接迁移。因此，若要将数据从一个数据库管理系统 DBMS 中迁移到另一个 DBMS 中，使用 ETL 工具明显是一个高效的选择。

3) 从 SQL 到 NoSQL 抽取

NoSQL(Not Only SQL)是对不同于传统的关系型数据库的数据库管理系统的统称。区别与传统的数据库，NoSQL 是一项全新的数据库革命性运动。如今的数据可以通过第三方平台，如以 Google、百度为首的搜索引擎都可以抓取用户的数据。包括用户的个人信息、社交网络、地理位置等，这些数据的存储不需要固定的模式，传统的关系型 SQL 数据库也不能适应其存储的需要，NoSQL 数据库就能很好的处理这些大数据。

2. 使用工具将数据从 MySQL 中迁移到 MS SQLServer

(1) 使用 Kettle 创建两种数据连接，一种针对 MySQL，另一种针对 MS SQLServer，假定两种 DBMS 都安装在本地。MySQL 的数据库名为 world，假设无论抽取其中哪个 country 表，同理在 MS SQLServer 上都需要创建一个同名数据库(数据库名字可以修改，为了保证数据抽取时的一致性，建议同名)，并根据源数据库的 country 表字段创建新库的数据表。如图 5-8 和图 5-9 所示为创建了两个不同 DBMS 的数据源连接。

图 5-8 DBMS 的数据源连接一

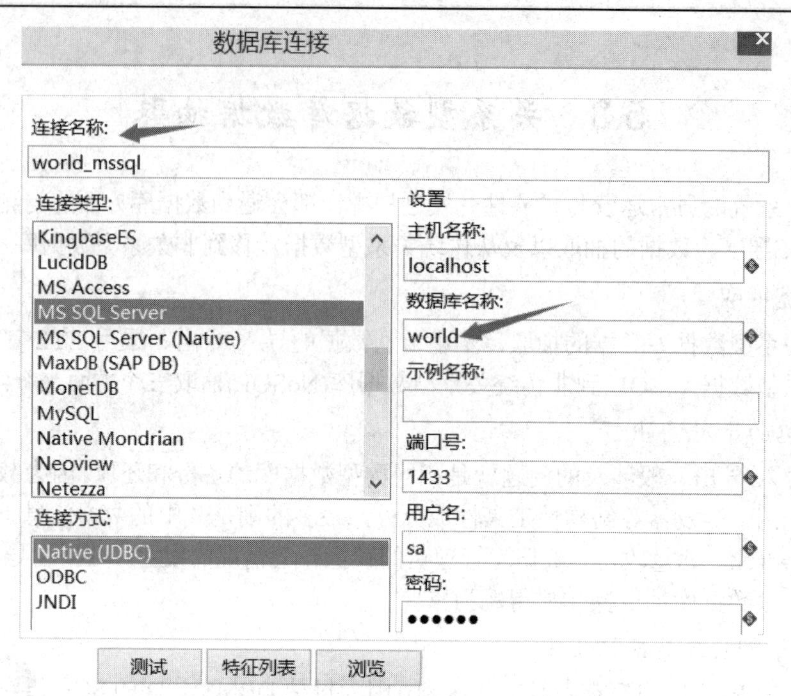

图 5-9 DBMS 的数据源连接二

(2) 从“核心对象树”中选择“输入”、“表输入”项，并将其拖动到工作区中，选择源数据库连接，并写好相关的 SQL 语句。由于 country 表中数据较多，本例中使用 where 执行 Continent 为 Asia，如图 5-10 所示。

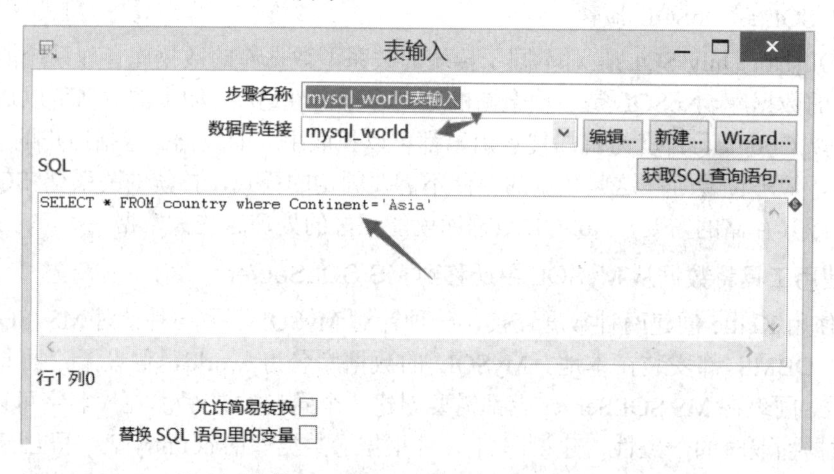

图 5-10 执行 Continent 为 Asia

(3) 从“核心对象树”中选择“转化”、“字段选择”项，并将其拖动到工作区中，按住 Shift 键和鼠标左键，在表输入中拖动连接线到字段选择，然后双击“字段”选择，并设置需要显示在目标数据表中的字段。

(4) 从“核心对象树”中选择“输出”、“表输出”项，并将其拖动到工作区中，按住 Shift 和鼠标左键，“字段选择”项中拖曳一根连接线到表输出。双击“表输出”，在“表输出”属性页中选择“数据库连接”，为之前设置的 SQLServer 连接 world_mssql，在“目标表”中选“country”项，“指定数据库字段”复选框为选中状态。

(5) 在“数据库字段”选项卡中点击“获取字段”项，由于输入表结构和输出表结构基本一致(部分数据类型不同)，Kettle 会自动匹配输入流中的字段名和输出表中的字段。

(6) 点击“运行这个转换”项，查看日志是否完成，提示“表输出”完成处理，Spoon 转换完成，则表示从 MySQL 到 MS SQLServer 的数据抽取已经成功完成。通过 Visual.Net 查看 MS SQLServer world 数据库中的 country 表，查询到所有亚洲国家的数据，如图 5-11 所示。

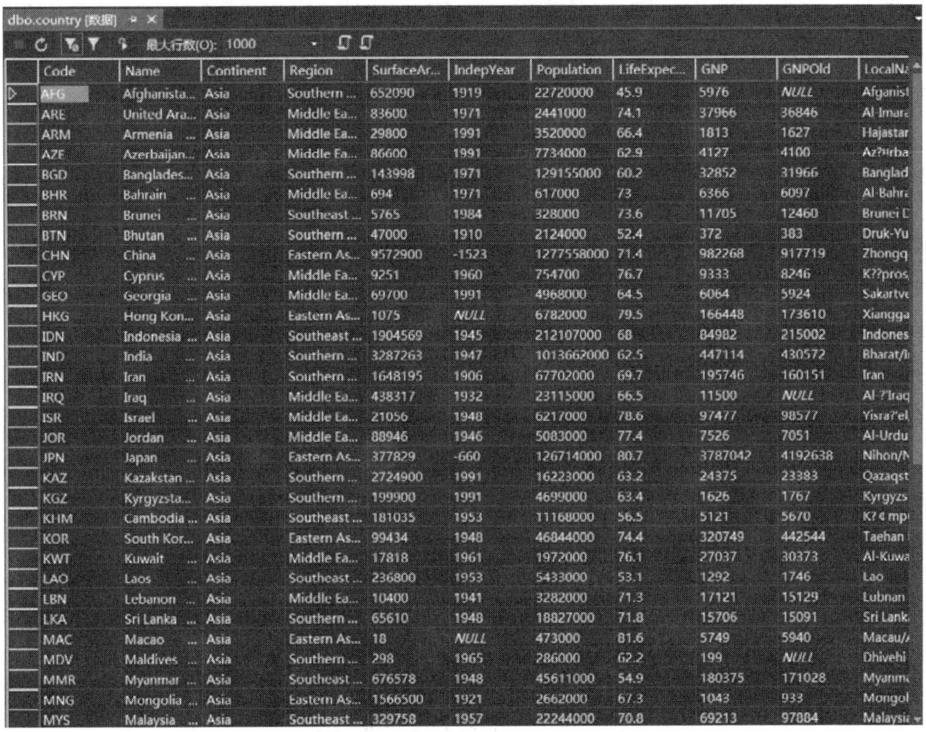

dbo.country [数据]

最大行数(O): 1000

Code	Name	Continent	Region	SurfaceAr...	IndepYear	Population	LifeExpec...	GNP	GNPOld	LocalNa
AFG	Afghanista...	Asia	Southern ...	652090	1919	22720000	45.9	5976	NULL	Afganist
ARE	United Ara...	Asia	Middle Ea...	83600	1971	2441000	74.1	37966	36846	Al-Imara
ARM	Armenia ...	Asia	Middle Ea...	29800	1991	3520000	66.4	1813	1627	Hajastar
AZE	Azerbaijan...	Asia	Middle Ea...	86600	1991	7734000	62.9	4127	4100	Az?rba
BGD	Banglades...	Asia	Southern ...	143998	1971	129155000	60.2	32852	31966	Banglad
BHR	Bahrain ...	Asia	Middle Ea...	694	1971	617000	73	6366	6097	Al-Bahra
BRN	Brunei ...	Asia	Southeast ...	5765	1984	328000	73.6	11705	12460	Brunei D
BTN	Bhutan ...	Asia	Southern ...	47000	1910	2124000	52.4	372	383	Druk-Yu
CHN	China ...	Asia	Eastern As...	9572900	-1523	1277558000	71.4	982268	917719	Zhongq
CYP	Cyprus ...	Asia	Middle Ea...	9251	1960	754700	76.7	9333	8246	K??pros
GEO	Georgia ...	Asia	Middle Ea...	69700	1991	4968000	64.5	6064	5924	Sakartve
HKG	Hong Kon...	Asia	Eastern As...	1075	NULL	6782000	79.5	166448	173610	Xiangga
IDN	Indonesia ...	Asia	Southeast ...	1904569	1945	212107000	68	84982	215002	Indones
IND	India ...	Asia	Southern ...	3287263	1947	1013662000	62.5	447114	430572	Bharat/I
IRN	Iran ...	Asia	Southern ...	1648195	1906	67702000	69.7	195746	160151	Iran
IRQ	Iraq ...	Asia	Middle Ea...	438317	1932	23115000	66.5	11500	NULL	Al-?Iraq
ISR	Israel ...	Asia	Middle Ea...	21056	1948	6217000	78.6	97477	98577	Yisra?el
JOR	Jordan ...	Asia	Middle Ea...	88946	1946	5083000	77.4	7526	7051	Al-Urdu
JPN	Japan ...	Asia	Eastern As...	377829	-660	126714000	80.7	3787042	4192638	Nihon/N
KAZ	Kazakstan ...	Asia	Southern ...	2724900	1991	16223000	63.2	24375	23383	Qazaqst
KGZ	Kyrgyzsta...	Asia	Southern ...	199900	1991	4699000	63.4	1626	1767	Kyrgyzs
KHM	Cambodia ...	Asia	Southeast ...	181035	1953	11168000	56.5	5121	5670	K?¢mp
KOR	South Kor...	Asia	Eastern As...	99434	1948	46844000	74.4	320749	442544	Taehan
KWT	Kuwait ...	Asia	Middle Ea...	17818	1961	1972000	76.1	27037	30373	Al-Kuwa
LAO	Laos ...	Asia	Southeast ...	236800	1953	5433000	53.1	1292	1746	Lao
LBN	Lebanon ...	Asia	Middle Ea...	10400	1941	3282000	71.3	17121	15129	Lubnan
LKA	Sri Lanka ...	Asia	Southern ...	65610	1948	18827000	71.8	15706	15091	Sri Lank
MAC	Macao ...	Asia	Eastern As...	18	NULL	473000	81.6	5749	5940	Macau/
MDV	Maldives ...	Asia	Southern ...	298	1965	286000	62.2	199	NULL	Dhivehi
MMR	Myanmar ...	Asia	Southeast ...	676578	1948	45611000	54.9	180375	171028	Myanma
MNG	Mongolia ...	Asia	Eastern As...	1566500	1921	2662000	67.3	1043	933	Mongol
MYS	Malaysia ...	Asia	Southeast ...	329758	1957	22244000	70.8	69213	97884	Malaysia

图 5-11　查询数据结果

5.4　增量数据抽取

1. 对“逻辑错误类型 1”进行清洗

运用控件对“逻辑错误类型 1”进行清洗，其操作步骤如下：

(1) 建立表输入，明确输入流。

(2) 建立“表输入”、“去除重复记录”、“表输出”之间的连接。

(3) 设置“去除重复记录”，在“用来比较的字段”列表填写 course_info 表中的所有字段。

(4) 设置“表输出”。

2. 增量数据抽取原理

在实际应用中，增量数据抽取比全量数据抽取更加高效和普遍。增量数据抽取一般使用基于时间戳和标识字段两种方式进行实现。下面演示通过时间戳方式把 MySQL 数据库里的 time_job 表中新增和修改数据增量抽取到 time_job_bak 表中，其操作步骤为：

(1) 在 MySQL 数据库中创建数据表 time_job 和备份表 time_job_bak，也可以直接在选定的数据表中添加 update_time 字段，实现时间戳增量抽取。

(2) time_job 表和 time_job_bak 表结构相同，包含 uuid、create_time、update_time 三个字段，默认情况下 create_time 和 update_time 值相同。

(3) 在 Kettle 中设置数据连接，使用 Ctrl + N 快捷键新建一个转化，保存命名为“增量抽取源表生成”。从左侧“核心对象”导航栏中依次添加“生成随机数”、“获取系统信息”和“表输出”三个对象组件，如图 5-12 所示。核心对象组件的可以在左侧导航栏的“步骤”框中输入关键字进行检索，如图 5-13 所示，增量抽取源表生成核心对象。

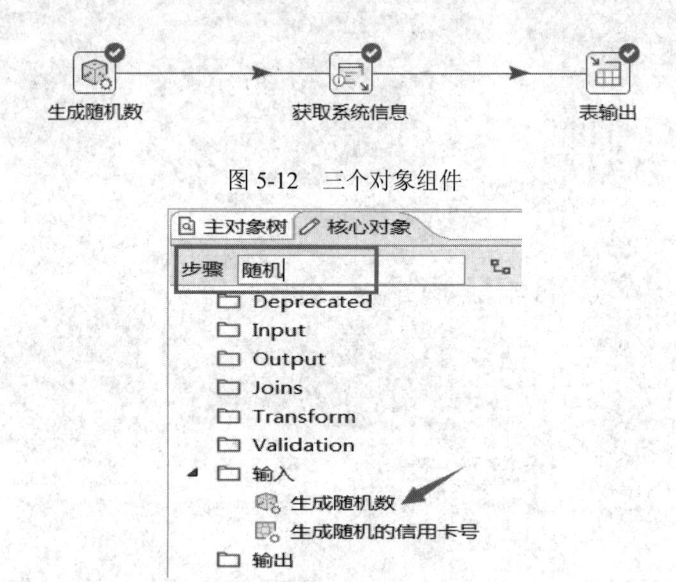

图 5-12　三个对象组件

图 5-13　关键字检索

(4) “生成随机数”对象主要用于生成数据表的主键 uuid，在“生成随机数”属性中，“字段”项的“类型”属性值只有一个 uuid 类型可供选择，因此直接随机生成 uuid 字段值。

(5) “获取系统信息”对象主要用于获取系统日期，为 time_job 表中的 create_time 和 update_time 字段提供数据，与“生成随机值”对象类似，字段项的“名称”属性需要手动输入，“类型”属性在下拉菜单中选取。

(6) “表输出”指定目标数据库和数据表，指定数据表字段，并设置流和表字段的映射关系，设置方式和前面的示例一致。

(7) 点击左上角“执行这个转化”项，如果执行结果无异常，表示执行成功。进入 MySQL WorkBench 可看出 time_job 表完成一次转化后的结果，如图 5-14 所示。

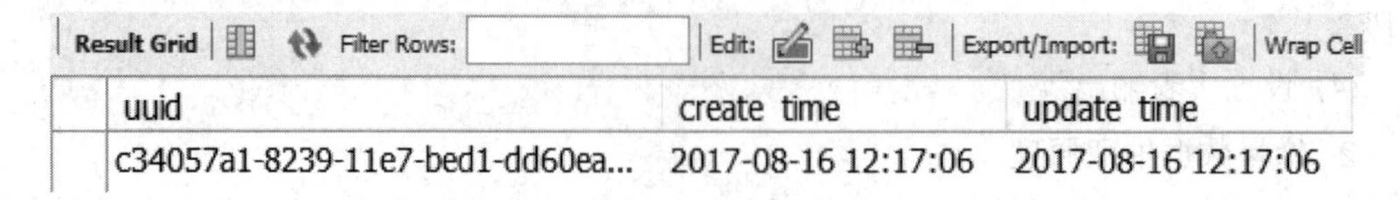

uuid	create time	update time
c34057a1-8239-11e7-bed1-dd60ea...	2017-08-16 12:17:06	2017-08-16 12:17:06

图 5-14　转化结果

(8) 作为增量数据抽取的源数据表，需要对该表添加更多的数据，通过在 Kettle 中添加作业 Job 来实现持续向 time_job 表中添加记录。

(9) 在“核心对象”→“通用”选项卡中选择“START”组件，双击将其添加到右侧编辑工作区，再双击“START”进入属性设置，设置作业的调度方式，如图 5-15 所示。

图 5-15　设置作业的调度方式

(10) “转化”属性的设置相对简单，在“转化文件名”指定之前创建的转化文件为“增量抽取源表生成.ktr”，在指定“转化文件名”之后，文本框中出现的内容是环境变量的表示形式，如图 5-16 所示。

图 5-16　“转化”属性设置

(11) “写日志”是为了记录每次作业的执行情况，读者可以自行查询 Kettle 中关于日志的创建，这里不再赘述。执行“生成增量测试源表”作业，Kettle 会根据 START 对象中设置的时间间隔，持续性地执行转换，并向 time_job 表中添加数据，几分钟后点击“Stop the currently running job”项停止该作业，然后查看数据表中的数据情况，如图 5-17 所示。

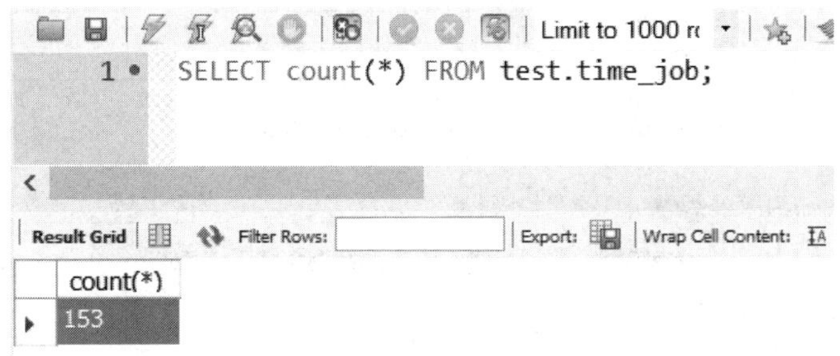

图 5-17　查看数据表情况

(12) 临时新建一个转化，添加“表输入”和“表输出”项，用 4.3.2 节中所讲述的操作方式将 time_job 作为表输入，time_job_bak 作为表输出；将 time_job 中的数据全量抽取到 time_job_bak 表中。如图 5-18 所示，time_job_bak 表中的记录总数与 time_job 中的相同。

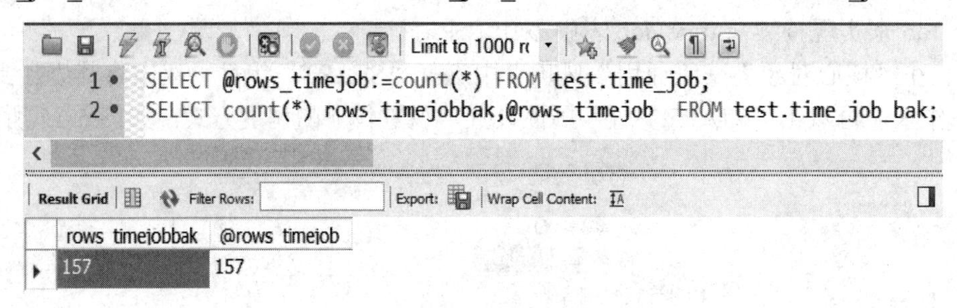

图 5-18 记录总数展示

(13) 新建转化，保存命名为“设置增量抽取最大时间戳”，在左侧“核心对象”树中选择“输入”、“表输入”项，并将其添加到右侧编辑区；再添加“作业”、“设置变量”项；创建表输入和设置变量两个对象之间的连接。

(14) 把表输入更名为“获取最大更新时间”，选择数据连接，根据 time_job_bak 数据表获取 update_time 的最大值，并指定字段别名为 maxtime。SQL 语句为“select max(update_time) maxtime from time_job_bak”。

(15) 将“设置变量”更名为“设置最大更新变量”，点击“获取字段”项，从表输入中获取 max(update_time)别名 maxtime 字段值的信息，默认变量名是字段名称的大写。变量活动类型包含四种类型，分别是“Java 虚拟机有效”、“父作业有效”、“超父(爷爷)作业有效”、“根作业有效”，每种类型代表变量保存的范围。

(16) 点击“确定”按钮，弹出“警告”提示框，说明当前设置的变量在“设置增量抽取最大时间戳”这个转化中无法使用，另一种替代方法是在作业的第一转化中使用“设置变量”对象。

(17) 新建转化，保存命名为“增量抽取到目标表”，分别添加“获取变量”、“表输入”和“表输出”三个对象在编辑框中，并创建对象之间的连接。

(18) 将“设置变量”更名为“设置最大更新变量”，点击“获取字段”项，从表输入中获取 max(update_time)别名 maxtime 字段值的信息，默认变量名是字段名称的大写。变量活动类型包含四种类型，分别是“Java 虚拟机有效”、“父作业有效”、“超父(爷爷)作业有效”、“根作业有效”，每种类型代表变量保存的范围，如图 5-19 所示。

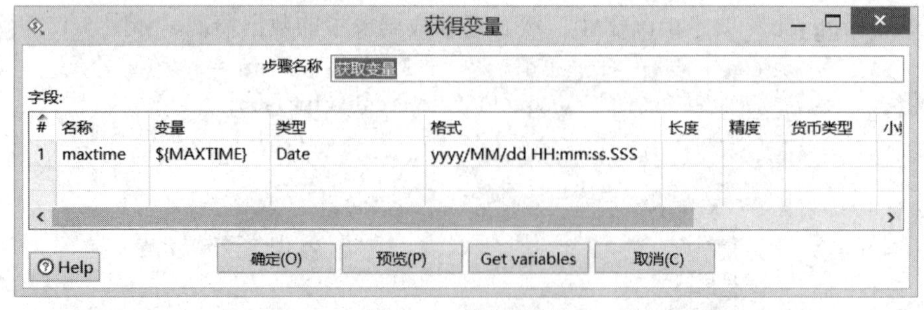

图 5-19 获得变量

(19) 在“表输入”中指定数据库连接，SQL 语句如下：

```
SELECT `time_job`.`uuid`,`time_job`.`create_time`,
`time_job`.`update_time`
```

```
FROM `test`.`time_job`
where update_time>'${MAXTIME}'
```

并选中“替换 SQL 语句里的变量”项，如图 5-20 所示。

图 5-20　替换 SQL 语句变量

(20) 在“表输出”选项卡中指定“数据库连接”、“目标表”项，并在“主选项”卡中勾选“使用批量插入”项，如图 5-21 所示。

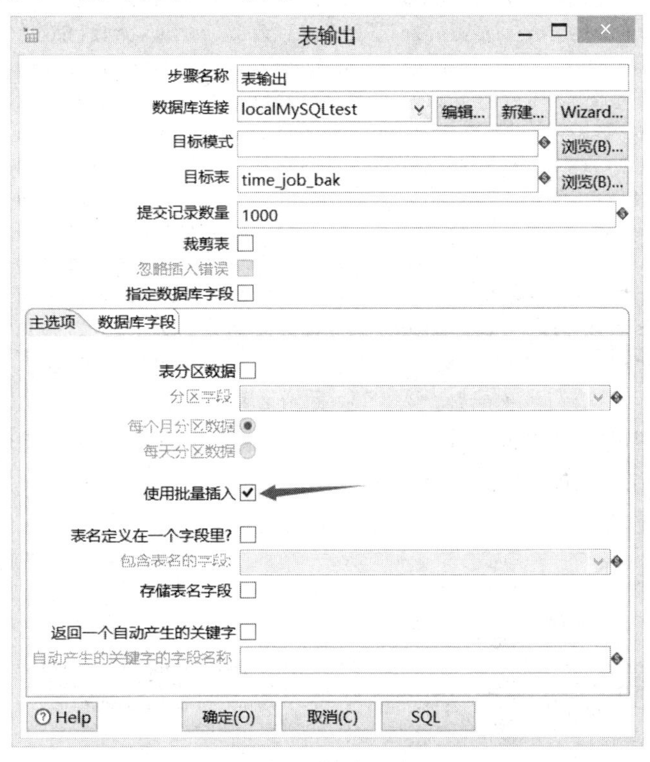

图 5-21　设置批量插入

(21) 创建作业，保存命名为“增量抽取测试作业”，添加“START”和两个转化。将 START 设置为“不需要定时”，转化 1 的转化设置属性选择“设置增量抽取最大时间戳”转化，并改名；转化 2 的转化设置属性选择“设置增量抽取目标表”转化，并改名，设置 3 个对象之间的连接，如图 5-22 所示。

图 5-22 设置 3 个对象之间的连接

(22) 打开“生成增量测试源表”作业并运行，运行 1 分钟左右停止作业。查看 MySQL 数据的 time_job 表，新增 17 条记录，如图 5-23 所示。

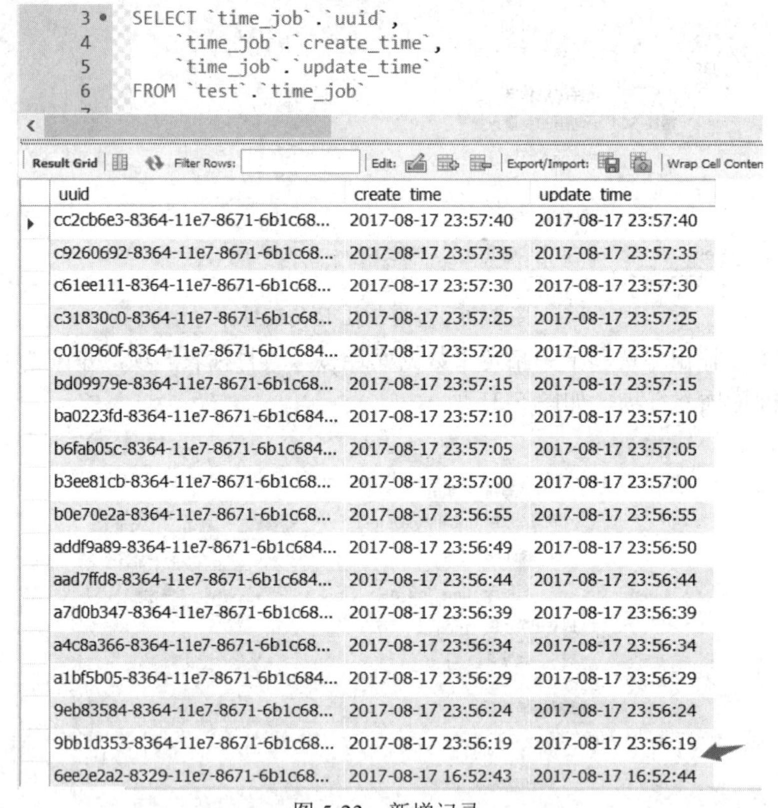

```
3 • SELECT `time_job`.`uuid`,
4       `time_job`.`create_time`,
5       `time_job`.`update_time`
6   FROM `test`.`time_job`
```

uuid	create_time	update_time
cc2cb6e3-8364-11e7-8671-6b1c68...	2017-08-17 23:57:40	2017-08-17 23:57:40
c9260692-8364-11e7-8671-6b1c68...	2017-08-17 23:57:35	2017-08-17 23:57:35
c61ee111-8364-11e7-8671-6b1c68...	2017-08-17 23:57:30	2017-08-17 23:57:30
c31830c0-8364-11e7-8671-6b1c68...	2017-08-17 23:57:25	2017-08-17 23:57:25
c010960f-8364-11e7-8671-6b1c684...	2017-08-17 23:57:20	2017-08-17 23:57:20
bd09979e-8364-11e7-8671-6b1c68...	2017-08-17 23:57:15	2017-08-17 23:57:15
ba0223fd-8364-11e7-8671-6b1c684...	2017-08-17 23:57:10	2017-08-17 23:57:10
b6fab05c-8364-11e7-8671-6b1c684...	2017-08-17 23:57:05	2017-08-17 23:57:05
b3ee81cb-8364-11e7-8671-6b1c68...	2017-08-17 23:57:00	2017-08-17 23:57:00
b0e70e2a-8364-11e7-8671-6b1c68...	2017-08-17 23:56:55	2017-08-17 23:56:55
addf9a89-8364-11e7-8671-6b1c684...	2017-08-17 23:56:49	2017-08-17 23:56:50
aad7ffd8-8364-11e7-8671-6b1c684...	2017-08-17 23:56:44	2017-08-17 23:56:44
a7d0b347-8364-11e7-8671-6b1c68...	2017-08-17 23:56:39	2017-08-17 23:56:39
a4c8a366-8364-11e7-8671-6b1c68...	2017-08-17 23:56:34	2017-08-17 23:56:34
a1bf5b05-8364-11e7-8671-6b1c684...	2017-08-17 23:56:29	2017-08-17 23:56:29
9eb83584-8364-11e7-8671-6b1c68...	2017-08-17 23:56:24	2017-08-17 23:56:24
9bb1d353-8364-11e7-8671-6b1c68...	2017-08-17 23:56:19	2017-08-17 23:56:19
6ee2e2a2-8329-11e7-8671-6b1c68...	2017-08-17 16:52:43	2017-08-17 16:52:44

图 5-23 新增记录

(23) 执行“增量抽取测试作业”，在“执行结果”中查看“作业量度”选项页，显示当前作业的执行情况，如图 5-24 所示。

执行结果

历史 | 日志 | 作业度量 | Metrics

任务 / 任务条目	注释	结果	原因	文件名	数量	
增量抽取测试						
任务: 增量抽取测试	开始执行任务		开始			2017/08/1
START	开始执行任务		开始			2017/08/1
START	任务执行完毕	成功			0	2017/08/1
设置增量抽取最大时间	开始执行任务		Followed无条件...	F:\iLearns\bigdata\设置增量抽取最大时间戳....		2017/08/18 00:01:0
设置增量抽取最大时间	任务执行完毕	成功		F:\iLearns\bigdata\设置增量抽取最大时间戳....	1	2017/08/1
设置增量抽取目标表	开始执行任务		Followed link aft...	F:\iLearns\bigdata\增量抽取到目标表.ktr		2017/08/1
设置增量抽取目标表	任务执行完毕	成功		F:\iLearns\bigdata\增量抽取到目标表.ktr	2	2017/08/1
任务: 增量抽取测试	任务执行完毕	成功	完成		2	2017/08/1

图 5-24 当前作业执行情况

(24) 查看“执行结果”的“日志”选项卡，查看 Kettle 当前作业表输入和表输出处理的记录条数，如图 5-25 所示。其中，I 表示输入记录数，O 表示输出记录数，R 表示读取记录数，W 表示写入记录数。

执行结果

历史 日志 作业度量 Metrics

```
2017/08/18 00:01:06 - 设置增量抽取目标表 - Loading transformation from XML file [F:\iLearns\bigdata\增量抽取到目标表.ktr]
2017/08/18 00:01:06 - 增量抽取到目标表 - 为了转换解除补丁开始 [增量抽取到目标表]
2017/08/18 00:01:06 - 表输出.0 - Connected to database [localMySQLtest] (commit=1000)
2017/08/18 00:01:06 - 获取变量.0 - 完成处理 (I=0, O=0, R=1, W=1, U=0, E=0)
2017/08/18 00:01:06 - 表输入.0 - Finished reading query, closing connection.
2017/08/18 00:01:06 - 表输入.0 - 完成处理 (I=17, O=0, R=0, W=17, U=0, E=0)
2017/08/18 00:01:06 - 表输出.0 - 完成处理 (I=0, O=17, R=17, W=17, U=0, E=0)
2017/08/18 00:01:06 - 增量抽取测试 - 完成作业项[设置增量抽取目标表] (结果=[true])
2017/08/18 00:01:06 - 增量抽取测试 - 完成作业项[设置增量抽取最大时间戳] (结果=[true])
2017/08/18 00:01:06 - 增量抽取测试 - 任务执行完毕
2017/08/18 00:01:06 - Spoon - 任务已经结束.
```

图 5-25 显示记录条数

由此可以得出结论，Kettle 通过作业从 time_job 表中抽取 17 条记录，写入到 time_job_bak 表中，实现了基于时间戳方式的增量数据抽取。

本章小结

本章学习了数据抽取中的全量与增量数据抽取，在全量数据抽取中讲解了如何对数据源中的数据不做任何改变的将其提取出来并转换成 ETL 工具可以识别的格式。增量数据抽取中讲解了如何在上一次数据抽取之后抽取新增或修改过的数据。在本章中，针对文本数据、Web 文件的数据以及关系型数据逐一进行概念和操作进行讲解。

第六章　数据的转换与加载

在大数据应用背景下，由于数据量的持续增加，信息化系统的日趋完善，为了更好地满足数据的集成、共享、分析与业务建模需求，通常会将多个数据集整合在一起，此时就必须使用 ETL 工具进行处理。其中一项重要的工作就是进行数据的转换，这是数据清洗的一个重要步骤，这个阶段还需要对数据进行加载、存储、分析。

通过本章的学习，读者能够进一步掌握数据的清洗转换、数据质量的评估以及数据的载入等基本知识，同时熟悉数据清洗、数据检验、数据转换、数据审计以及数据加载等环节的基本应用方法。

6.1　数据清洗转换

1. 数据清洗

数据的清洗通常包含缺失值的清洗、格式的清洗以及值域和逻辑错误的清洗，具体描述如下。

1) 缺失值清洗

在各类数据源系统中，缺失值的问题时常发生。在一定程度上，造成缺失值的原因在于系统的不完备性和系统故障。具体原因较多，主要分为系统原因和人为原因，对其主要的处理顺序为：

(1) 确定范围，计算源端数据中字段缺失值的比例，之后根据缺失率和重要性分别制定策略。对于重要性高和缺失率高的数据，可采取数据从其他渠道补全、使用其他字段计算获取和去掉字段，并在结果中制定策略进行清洗；对于重要性高但缺失率较低的数据，可采取计算填充、经验或业务知识估计等策略进行清洗；对于重要性低、缺失率高的数据，可采取去除该字段的策略进行清洗；对于重要性低且缺失率也低的数据，可以不做处理。

(2) 去除重要性低的字段，通常重要性低的字段且缺失严重的，可以采取将数据抽取的结果放入一个临时库中，在数据清洗之前，先备份临时库数据，然后直接删除不需要的字段。

(3) 填充缺失内容，通常会在某些缺失值的补齐中，采取一定的值去填充缺失项，从而使数据完备化。通常基于统计学原理，根据决策表中其余对象取值的分布情况来对一个空值进行填充，例如用其属性的平均值来进行补充等。

2) 格式内容清洗

数据源系统若为业务系统，则该系统的数据通常由用户填写，在用户填写数据的过程中，存在全角输入、半角输入、空格符号、错误字段格式等错误，通常的清洗操作如下：

(1) 进行时间日期格式清洗。当采取多个源端整合数据时，因源端系统不够严谨，采取了字符串类型作为数据的存储类型，可能在不同的源中存储的日期时间的格式不一致，以至于数据多源抽取到临时表后存在不同的日期格式，从而导致目标系统无法应用。

(2) 进行全角半角清洗。全角指一个字符占用两个标准字符位置，半角指一个字符占用一个标准字符位置。在数据采集时，时常因输入法设置问题，将字母或者数字输入存储为全角格式。故在对数据进行 ETL 操作时，需要进行全角和半角转换。

(3) 清洗不应有的字符。在源端系统中，数据采集时因人为原因可能存在一些数据不应有的字符，例如身份证号码出现非数字和其他符号的情况，中国人的姓名出现西文字符、阿拉伯数字等情况。此类问题的解决需要采取半自动+人工方式相结合进行清洗。

(4) 进行重新取数。某些指标非常重要又缺失率高，且存在其他数据源可以获取时，可采取重新抽取不同数据源的数据进行关联对比的方法进行清洗。

3) 逻辑错误清洗

当更多的数据需要应用特定业务的时候，我们需要对单条数据的属性进行逻辑性的排查，避免出现逻辑性的错误。通常的排查操作如下：

(1) 进行排重清洗。数据排重是指在数据中查找和删除重复内容，而不会影响其保真度或完整性。数据排重需要技巧，首先一定要有信息去识别一条数据的唯一性，也就是类似数据库中的主键，如果唯一性都无法识别，排重也就无所依据。

(2) 去除不合理值。不合理数据指在业务系统中收录的部分数据存在不合理性，例如一个大学生的实际年龄不能为 5 岁。一个员工的年龄也不可能超过 200 岁，QQ 信息上好友的年龄为 0 岁等，导致此类问题的原因可能是业务系统操作失误，也有可能是用户为进行信息隐藏而故意错填数据。对于不合理的数据，在数据采集时，若该数据不是很重要，建议直接删除，否则需要进行人工干预或者引入更多的数据源进行关联识别。

(3) 修正矛盾内容。源端系统在提供数据时，存在部分信息可以相互验证的校验，例如，在某教务系统中，教师任课的编号由“学期＋教工号＋课程代码＋序号”构成，则该号码能够有效地验证当前教师任课信息中的学期信息、教师信息、课程信息等。同理，身份证号码也能够有效验证当前人员的出生年月，从而能够推算该人员的年龄。

源端数据存在矛盾且可以利用规则判定的情况，能够通过 ETL 工具的规则设置进行查找从而发现“脏”数据，进而达到更加容易清洗的目的。

2. 数据校验

数据检验是在数据清洗转换过程中，通过对转换的数据项增加验证约束，实现对数据转换过程的有效性验证。可能存在的数据验证方法有数据项规则设置、数据类型检验、正则表达式约束检验、查询表检验等。对数据执行检验后，ETL 工具提供验证结果的输出。

在 Kettle 中，可以在数据转换过程中增加“数据检验”(Data Validator)步骤来完成数据的有效性校验，通常包含：

(1) 设置校验规则。

(2) 进行 NULL 验证。

(3) 进行日期类型验证。

(4) 进行正则表达式验证。

3. 错误处理

数据错误是指数据在转换过程中出现数据丢失、数据失效和数据的完整性被破坏等问题。数据出现错误的原因五花八门，有存储设备的损坏、电磁干扰、错误的操作、硬件故障等。造成的后果就是会增加大量无用数据，甚至会造成系统瘫痪。因此，人们采取各种手段对数据转换进行优化，尽可能避免错误产生。

1) 转换过程错误

在设计 ETL 过程中，存在一些设计未对转换过程进行错误处理，进而造成 ETL 执行完成后，目标端的数据未能按照约定数据标准进行组织存储，从而导致“脏”数据进入目标端。转换过程错误是在执行 ETL 过程中发生的转换错误，该错误一旦发生，应该进入错误处理环节，终止 ETL 转换，保证进入目标系统的数据干净可靠，如图 6-1 所示。

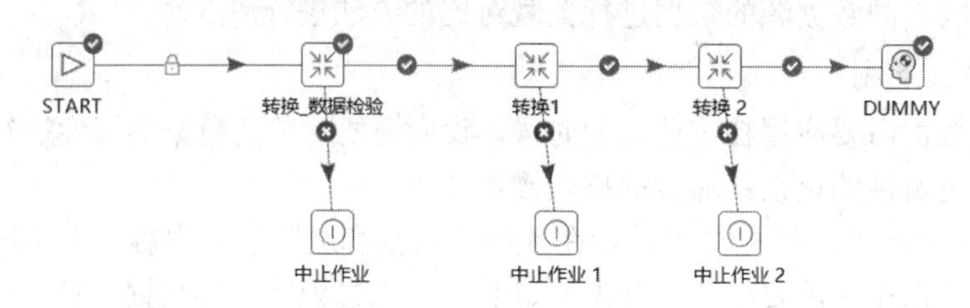

图 6-1　转换过程

具体操作步骤如下：

(1) 增加“Excel 输出”，重命名为“Excel 错误输出”。

(2) 在“表输出”步骤上通过右键快捷菜单选择“定义错误处理”命令(如图 6-2 所示)，打开“步骤错误处理设置”对话框，如图 6-3 所示。

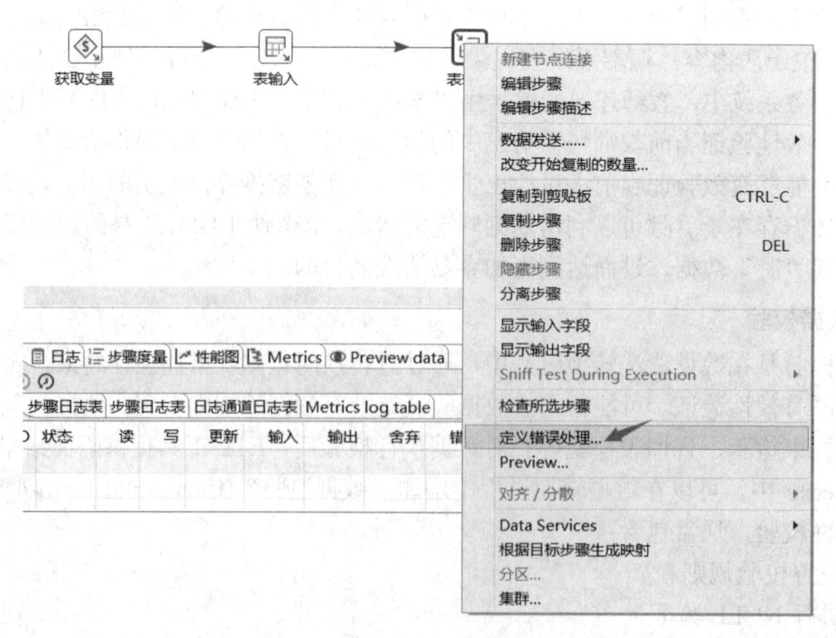

图 6-2　选择“定义错误处理”

(3) 设置“步骤错误处理设置”对话框的参数，指定“目标步骤”为“Excel 错误输出”，并选中“启用错误处理？”复选框，指定相关的错误字段值，如图 6-3 所示。

步骤错误处理设置

错误处理步骤名 表输出

目标步骤 Excel错误输出

启用错误处理? ✓

错误数列名 err_num

错误描述列名 err_desc

错误列的列名 err_name

错误编码列名 err_code

允许的最大错误数 err_code

允许的最大错误百分比 (空==100%)

在计算百分比前最少要读入的行数

OK　Cancel

图 6-3　步骤错误处理设置对话框

(4) 指定了 Excel 错误输出后，表输出中遇到的错误就会直接转存到 Excel 输出，除了在“步骤错误处理设置”对话框中指定的字段名之外，表输出中的字段名也会一并加入 Excel 输出中，如图 6-4 所示。

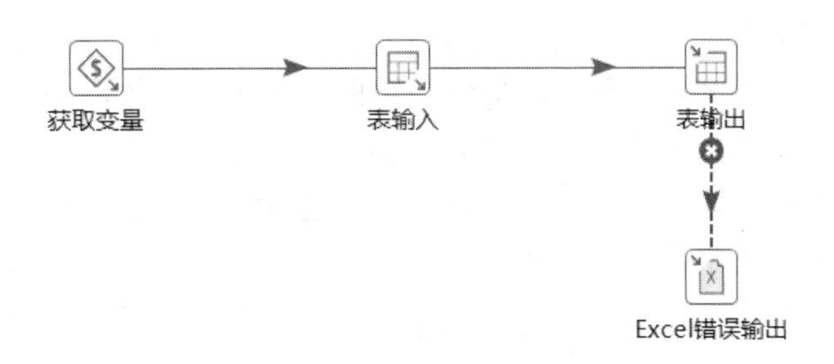

图 6-4　步骤错误处理流程

2) 转换数据错误

所谓数据转换，从计算机审计的需求来讲，主要包括两个方面的内容：一是将被审计单位的数据有效地装载到审计软件所操纵的数据库中；二是明确地标识出每张表、每个字段的具体含义及其相互之间的关系。而转换数据错误则出现在数据转换过程中，要想实现严格的等价转换是比较困难的。

几种模型在数据转换的过程中会出现各种语法和语义上的错误，具体如下：

(1) 命名错误：源端数据源的标识符可能是目的数据源中的保留字。

(2) 格式错误：同一种数据类型可能有不同的表示方法和语义差异。

(3) 结构错误：如果两种数据库之间的数据定义模型不同，如为关系模型和层次模型，则需要重新定义实体属性和联系，以防止属性或联系信息的丢失。

(4) 类型错误：不同数据库的同一种数据类型存在精度之间的差异。

对于以上数据转换中的错误，可进行如下相应的处理：

(1) 对于命名错误，可以先检查数据源中的保留字，建立保留字集合，对于保留字中的命名冲突，可根据需要重新命名。

(2) 对于格式错误，可以从数据源的驱动程序中取出相对应的数据源的数据类型后，对一些特定的类型进行特殊的处理。

(3) 对于结构错误，应建立不同模型的转换关系实体，通过属性之间的映射关系来防止实体信息的丢失。

(4) 对于不同数据库的同一数据类型的精度冲突，类型转换中将类型和精度结合起来决定源端数据类型和目标数据类型的映射关系。找出目的数据源中与源端数据类型的精度最匹配的数据类型作为默认的映射关系。

3) 数据错误

数据错误是数据工作者需要注意的指标之一，因为数据错误能导致完全错误的分析结果。处理数据错误的方法取决于错误出现的原因，通常有如下原因：

(1) 数据输入错误：人工在数据收集、记录、输入时造成的错误，可能会成为数据中的异常值。

(2) 测量误差：当使用错误的测量仪器测量时，通常会出现异常值。

(3) 数据处理错误：当进行数据分析时，错误的数据处理操作可能会造成异常值。

4) 错误处理

针对数据错误的处理方法是在转换环节增加数据检验，在执行数据检验过程中，当检验错误发生时，可以采取如下方法进行错误处理：

(1) 删除错误数据：如果数据错误是由于数据输入错误、数据处理错误造成的，或者数据错误数目很少，可以采取直接删除错误数据的方式进行处理。

(2) 错误数据替换：类似于替换缺失值，我们也可以替换错误数据。可以使用均值、中位数、众数等替换方法进行数据替换。

(3) 分离对待：如果数据错误的数目比较多，在统计模型中我们应该对它们分别进行处理。一种常用的处理方法是异常值一组，正常值一组，然后分别建立模型，最后对结果进行合并。

6.2 数据质量评估

1. 数据质量评估

数据质量是保证数据应用的基础，我们提出了一些数据质量的评估指标。在进行数据质量评估时，要根据具体的数据质量评估需求对评估指标进行相应的取舍。

1) 完整性

完整性主要是指信息是否存在缺失的情况，数据缺失的情况可能是整个记录的缺失，也可能是某个字段信息的记录缺失。不完整的数据其参考借鉴的价值就会大大降低。对于数据完整性的评估通常包含如下三类。

(1) 域完整性，是指一个列的输入是否有效，是否允许为空值。保证域完整性的方法有：限制类型(通过设定列的数据类型)、格式(通过 CHECK 约束列的数据格式)或设定可能值的范围(通过 FOREIGN KEY 约束、CHECK 约束、DEFAULT 定义、NOT NULL 定义和规则)。例如：学生的考试成绩必须在 0～100 之间，性别只能是“男”或“女”。

(2) 实体完整性，是指保证表中所有的行唯一。实体完整性要求表中的所有行都有一个唯一标识符。这个唯一标识符可能是一列，也可能是几列的组合，称为主键。也就是说，表中的主键在所有行上必须取唯一值。保证实体完整性的方法有：索引、UNIQUE 约束、PRIMARY KEY 约束或 IDENTITY 属性，如：student 表中 sno(学号)的取值必须唯一，它唯一标识了相应记录所代表的学生，学号重复是非法的。学生的姓名不能作为主键，因为完全可能存在两个学生同名同姓的情况。

(3) 参照完整性，是指保证主关键字(被引用表)和外部关键字(引用表)之间的参照关系。它涉及两个或两个以上表数据的一致性维护。外键值将引用表中包含此外键的记录和被引用表中主键与外键相匹配的记录关联起来。在输入、更改或删除记录时，参照完整性保持表之间已定义的关系，确保键值在所有表中一致。这样的一致性要求确保不会引用不存在的值，如果键值更改了，那么在整个数据库中，对该键值的所有引用都要进行一致的更改。参照完整性是基于外键与主键之间的关系的。例如学生学习课程的课程号必须是有效的课程号，score 表(成绩表)的外键 cno(课程号)将参考 course 表(课程表)中主键 cno(课程号)，以实现数据的完整性。

域完整性、实体完整性及参照完整性分别在列、行、表上实施。数据完整性任何时候都可以实施，但对已有数据的表实施数据完整性时，系统要先检查表中的数据是否满足所实施的完整性，只有表中的数据满足了所实施的完整性，数据完整性才能实施成功。

2) 一致性

很多用户甚至一些数据仓库项目的开发人员经常将数据质量和数据仓库项目开发中的 ETL 过程的数据一致性混为一谈，错误地认为数据仓库项目(也即 ETL 过程)能够修复数据以提高数据质量。其实数据质量和 ETL 过程的数据一致性是两个不同的概念。ETL 过程的数据一致性是指根据相同的业务理解(基于源系统模型和基于数据仓库模型)，在源系统查询和统计的信息与在数据仓库中得到的结果在各个细节层次(包括明细层次)上都是相同的。数据一致性是 ETL 过程必须保证的。质量问题是数据存在于企业的源系统中的，如常见的客户代码的不规范，同一个客户在不同的系统中(例如业务处理系统和财务系统)有不同的代码，甚至同一个客户在同一个系统中也有不同的代码等问题，均存在于源系统中。以保险公司的业务处理系统为例，同一个客户先后在同一个保险公司投保，不同的业务员可能会输入不同的客户代码；更常见的是那些没有实现大集中的分布式的应用，同一个客户(如工商银行)在不同的分公司(如河南分公司和湖北分公司)投保，业务员很可能会输入不同的代码；再如，在业务处理系统中，有些录入人员为了录入的方便，常常对一些内容不进行输入或者采用默认值，造成一些重要录入信息的缺失或错误。这些数据质量问题对数据分析系统造成了严重的干扰和破坏。数据仓库项目虽然不能修复数据以提高数据质量，但能发现部分存在的问题，从而可以提醒用户哪些数据是有质量问题的，给用户一些改进的建议；同时在分析和决策时应降低对这些数据的依赖程度，也可以提供辅助的方法跟踪、监测数据质量问题。

3) 准确性

数据的准确性在数据清洗中多指记录的信息是否出现异常或者错误。最为常见的数据准确性错误就是乱码，其次，异常大或者小的数据也属于不准确的数据。数据的准确性可能存在于个别记录，也可能存在于整个数据集，这类准确性的问题通常可以通过最大值和最小值的统计量去审核。

一般来说，数据都符合正态分布的规律，如果一些占比小的数据存在问题，则可以通过比较其他数据量小的数据比例来作出判断。当然，如果统计的数据异常并不显著，但依然存在错误，这类值的检查是最为困难的，则需要通过复杂的统计分析对比找到问题的关键点，也可以通过分析工具来实现判断。

4) 及时性

数据的及时性多指数据从产生到可以查看的时间间隔，也可以称为延时时长。及时性对于数据分析的要求本身并不高，但是如果数据分析的时间周期加上数据建立的时间过长，会导致数据分析的结论失去时效性，因此也不具备借鉴的意义。例如，一个市场调查的数据分析如果采用了一年前的数据对市场行情的变化进行预测，则可能导致分析的结果是失效的，这一结果肯定不具备参考的价值。

2. 审计数据

审计数据就是“对被审计单位的数据进行采集、预处理以及分析，从而发现审计线索，获得审计证据的过程”。审计数据有以下几种不同的处理方法。

1) 数据查询

数据查询是审计人员根据自己的经验，按照一定的审计分析模型，在软件中采用查询命令来分析采集来的电子数据，或者采用一些审计软件，通过运行各种各样的查询命令，以某种预定义的格式来检测被审计单位的数据，这是目前最常用的数据审计方法。

2) 审计抽样

审计抽样是审计人员在实施审计程序时，从审计对象总体中选取一定数量的样本进行测试，并根据测试结果推断总体特征的一种方法。

3) 统计分析

在面向数据的计算机审计中，统计分析的目的是探索被审计数据内在的数量规律性，以发现异常数据，快速寻找审计的突破口。通常的统计分析方法包含一般统计、分层分析和分类分析。统计分析通常和其他审计数据处理方法配合使用。

4) 数值分析

数值分析是根据字段具体的数据值的分布情况、出现频率等对字段进行分析，从而发现审计线索的一种数据处理方法。这种方法先不考虑具体的业务，对分析出现的可能数据结合具体的业务进行审计。这种方法易于发现被审计数据中的隐藏信息。

6.3 数据加载

1. 数据加载概念

数据加载是继数据抽取和转换清洗后的一个阶段，它负责从数据源中抽取加工所需的数据，经过数据清洗和转换后，最终按照预定义好的数据仓库模型，将数据加载到目标数据集中或数据仓库中去，从而实现 SQL 语句加载或批量加载。

大多数情况下，异构数据源均可通过 SQL 语句进行 insert、update、delete 操作；而有些数据库管理系统集成了相应的批量加载方法，如 SQL Server 的 BCP、BULK 等、Oracle 的 SQLLDR，或使用 Oracle 的 PLSQL 工具中的 import 完成批量加载。大多数情况下，人们会使用 SQL 语句进行加载，因为这样导入数据有日志记录，是可回滚的。但是批量加载操作易于使用，并且在加载大量数据时效率较高。当异构数据源的种类繁多且数据仓库模型复杂时，使用专业的 ETL 工具必将事半功倍。

2. 数据加载方式

与数据抽取方式类似，在将数据加载到目标数据集或数据仓库的过程中，分为全量加载和增量加载。全量加载是指全表删除后再进行全部(全量)数据加载的方式，而增量加载是指目标表仅更新源表变化(增量)的数据。增量抽取机制比较适用于具有以下特点的数据表：

(1) 数据量巨大的目标表；

(2) 源表变化数据比较规律，例如按时间序列增长或减少；

(3) 源表变化数据相对数据总量较小；

(4) 目标表需要记录过期信息或者冗余信息；

(5) 业务系统能直接提供增量数据。

3. 批量数据加载

每种数据库都有自己的批量加载方法，Kettle 为大多数 DBMS 如 Oracle、MySQL、MS SQL Server 等提供了批量加载方法。

1) MySQL 的批量加载

MySQL 是 Kettle 支持的数据从文件批量加载到数据库的 DBMS。Kettle 提供了两个组件用于实现批量加载功能，一个是通过作业项把文本文件批量加载到数据库，另一个是文件直接通过转换后批量加载到数据库。

2) Oracle 的批量加载

Kettle 的 Oracle 批量加载工具采用 SQL *Loader，该组件功能复杂，需要配置较多的参数，同时也需要设置不同种类的文件，故使用 Oracle 批量加载需要做复杂的准备工作和配置工作，然而该工具健壮可靠，能够精准控制处理数据和错误数据。

4. 数据加载异常处理

为了更好地实现 ETL，在实施的过程中为保证数据的异常能够很好地被处理，应该注意如下几点：

(1) 如果条件允许，可利用数据中转区对运营数据进行预处理，保证集成与加载的高效性。

(2) 如果 ETL 的过程是主动“拉取”，而不是从内部“推送”，其可控性将大为增强。

(3) ETL 之前应制定流程化的配置管理和标准协议。

(4) 关键数据标准至关重要。ETL 面临的最大挑战是接收数据时其各源端数据的异构性和低质量。

(5) 将数据加载到个体数据集时，在没有一个集中化的数据库的情况下，拥有数据模板是非常重要的。

本章小结

本章学习了数据的清洗转换、数据的质量评估以及数据载入等基本知识，读者能够增进对数据转换以及载入知识的进一步了解，掌握数据清洗、数据检验、数据转换、数据审计、数据加载等环节的基本应用方法。

第二篇　实　战　篇

第七章　数据清洗工具介绍

通常数据清洗在整个数据分析的过程中要花费80%的时间，所以选择合适的专业工具进行数据清洗能够提高数据清洗的自动化程度和时间效率，是保证数据挖掘、专家决策、商业智能等活动的成功的关键。随着数据科学的发展，越来越多的专业数据清洗软件可供选择。本章将从常用的清洗工具中列出一些常用的工具软件并结合实例进行介绍，以期待读者能够达到举一反三的目的。

7.1　利用 Microsoft Excel 进行数据清洗

Microsoft Excel 是微软公司 Microsoft Office 系列办公软件的重要组件之一，是一个功能强大的电子表格程序，能将整齐而美观的表格呈现给用户，还可以将表格中的数据通过多种形式的图形、图表表现出来，以增强表格的表达力和感染力。Microsoft Excel 也是一个复杂的数据管理和分析软件，能完成许多复杂的数据运算，帮助使用者作出最优的决策。利用 Excel 内嵌的各种函数可以方便地实现数据清洗的功能，并且可以借助过滤、排序、作图等工具看出数据的规律。另外，Excel 还支持 VBA 编程，可以实现各种更加复杂的数据运算和清理。

作为一款桌面型数据处理软件，Excel 主要面向日常办公和中小型数据集的处理，但在面对海量数据的清洗任务时却是难以胜任的，即使是小型数据集在使用前也存在需要规范化的问题。因此，通过在 Excel 中进行数据清洗的实践操作，有助于帮助读者理解数据清洗的概念和知识，并掌握一定的操作技巧，为后面进行大数据集的清洗打好基础。

1. Excel 数据清洗相关操作

Excel 对数据的处理功能非常强大，限于篇幅对于 Excel 的基本操作，如不同类型的数据输入、数据的自动填充、排序、筛选等这里不再详述，本节主要针对与数据清洗密切相关的操作和注意事项做简要介绍。

1) 数据分列

在利用 Excel 进行数据处理的过程中，常会遇到1列单元格中的数据是组合型的情况，即粒度过大，如“2019-03-25 Saturday 18:22”，包含日期、星期和时间三个部分，如图7-1所示。

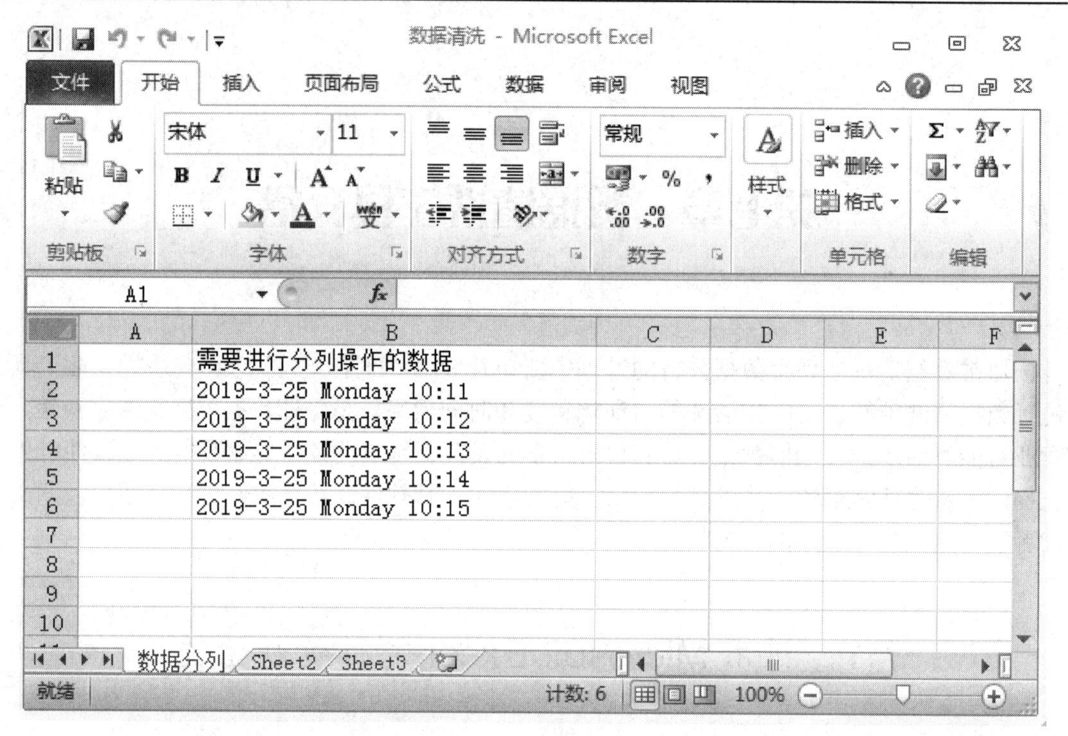

图 7-1　组合型数据事例

若需要将之拆分为独立的 3 列，这时就可以采用分列功能实现，操作步骤为：

(1) 选定要进行分列的数据，然后单击“数据”工具栏，选择“分列”项，如图 7-2 所示。

图 7-2　选择分列操作示例

(2) 出现文本分列向导(本向导也可以在选中待分列区域后，按 Alt + A + E 快捷键快速打开)，如图 7-3 所示，默认选中“分隔符号”，然后单击“下一步”按钮。

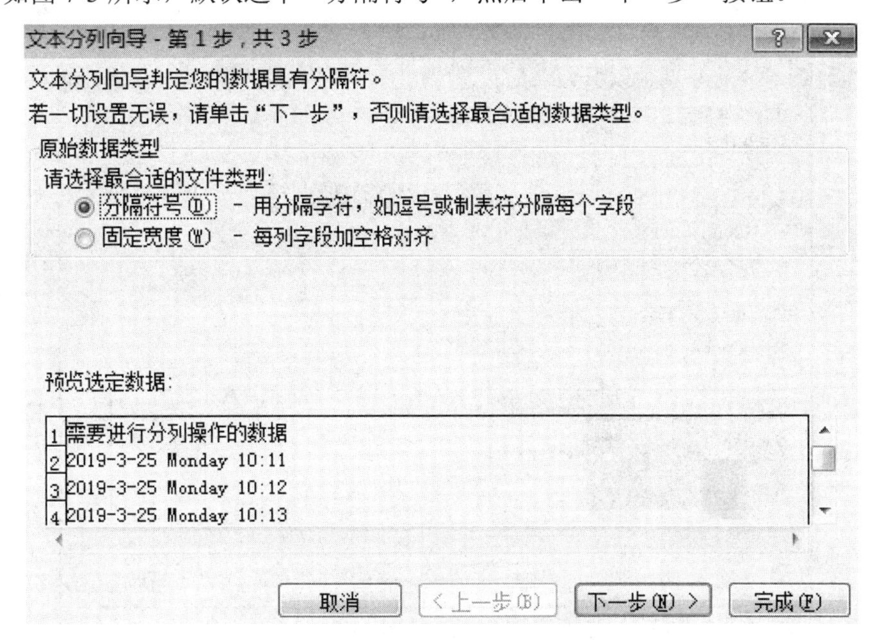

图 7-3　处理设置

(3) 选择分隔符号，本例中为空格，所以选中“空格”复选框。选中后，在数据预览的区域里就会显示按照要求分隔后的格式，如图 7-4 所示。然后单击“下一步”按钮。

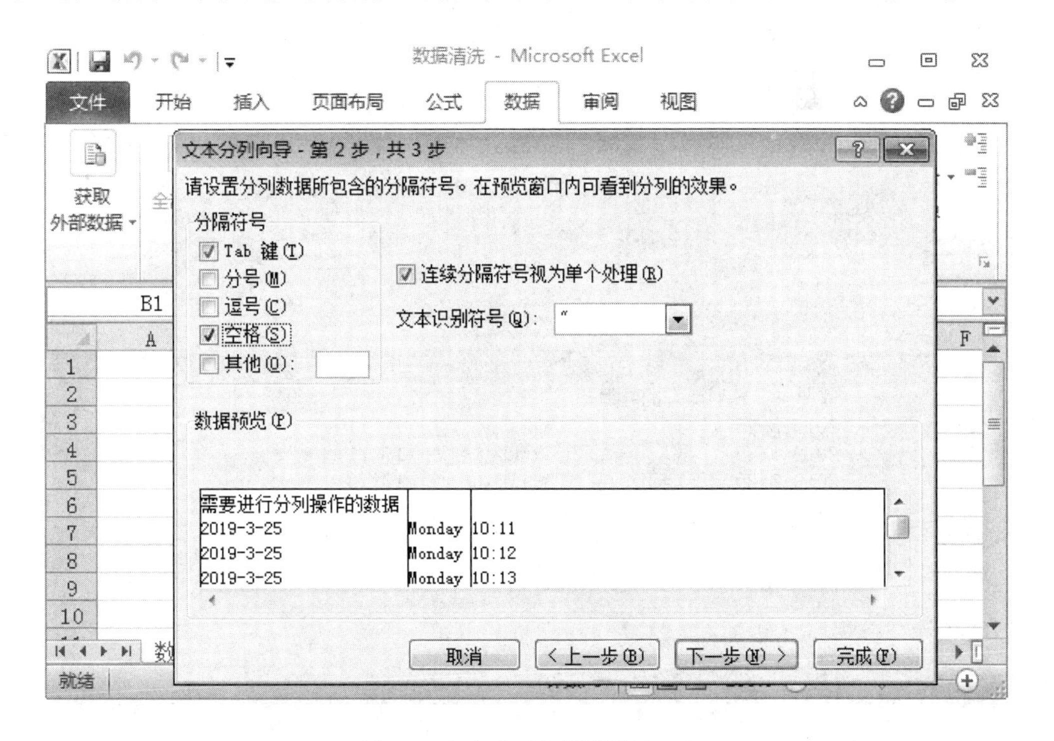

图 7-4　文本分列向导设置第二步

(4) 设置分列后各列的数据格式，根据实际情况而定，这里设为文本格式，选中“文本”单选按钮，如图 7-5 所示。

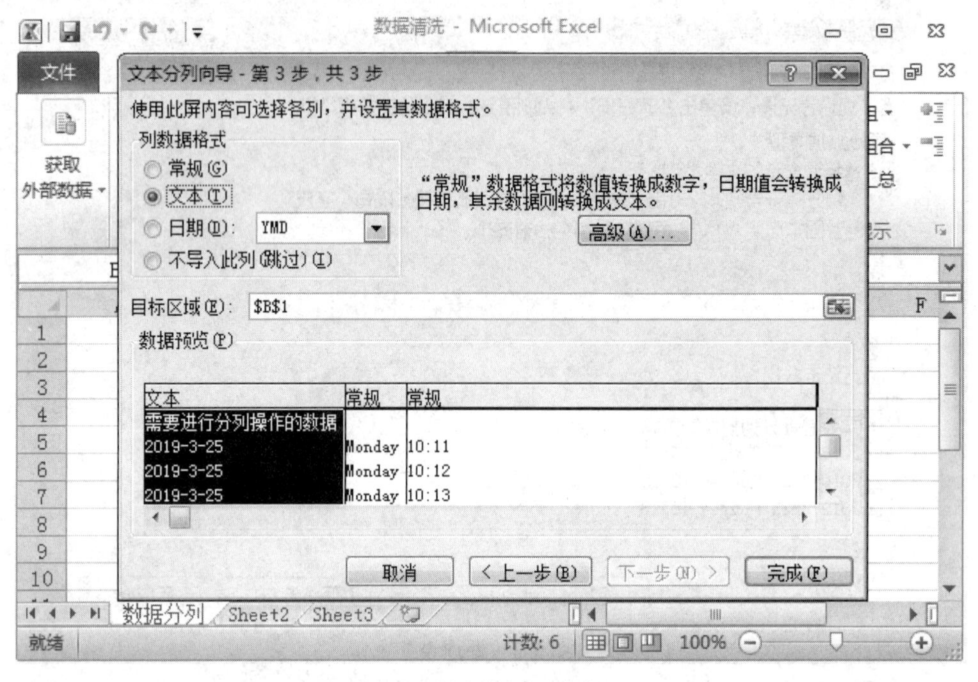

图 7-5 文本分列向导设置第三步

(5) 设置分列后，还可设置数据存放的区域，然后单击“完成”按钮。

至此可以看到，数据已被完美地分开，如图 7-6 所示。

图 7-6 处理后的数据

2. 快速定位和快速填充

在日常的工作中经常会看到一些将重复项合并的 Excel 表格，如月份、地区等，主要是为了方便查看，如图 7-7A 列所示的销售区。但这样的工作表没有办法使用数据透视表功能进行统计、汇总和分析等操作。

	A	B	C	D	E	F	G	H
1	XXX年XXX公司各区域销售情况表							
2	销售区	销售人员	商品名称	商品单价	销售数量	销售金额	目标数量	是否完成任务
3	北京市	周伯通	电脑	3688	332	1224416	320	完成任务
4		周伯通	冰箱	3284	162	532008	135	完成任务
5		洪七公	电脑	1985	265	526025	240	完成任务
6		洪七公	冰箱	2551	364	928564	340	完成任务
7		胡一刀	电脑	1985	267	529995	236	完成任务
8		胡一刀	冰箱	2551	364	928564	340	完成任务
9	上海市	令狐冲	电脑	3685	378	1392930	320	完成任务
10		令狐冲	冰箱	3096	282	873072	135	完成任务
11		王重阳	电脑	2035	269	547415	240	完成任务
12		王重阳	冰箱	2588	134	346792	340	未完成任务
13		丁春秋	电脑	2035	250	508750	240	完成任务
14		丁春秋	冰箱	2588	144	372672	340	未完成任务
15	广州市	左冷禅	电脑	2035	280	569800	240	完成任务
16		左冷禅	冰箱	2588	123	318324	340	未完成任务
17		任我行	电脑	2035	291	592185	240	完成任务
18		任我行	冰箱	2588	200	517600	340	未完成任务
19		苗人凤	电脑	2035	310	630850	240	完成任务
20		苗人凤	冰箱	2588	100	258800	340	未完成任务

图 7-7　销售数据实例

对此，可以使用 Excel 的“定位”功能来实现快速填充，步骤如下：

(1) 选中 A 列，单击“合并后居中”按钮，取消单元格合并，结果如图 7-8 所示。

	A	B	C	D	E	F	G	H
1	各区域销售情况表							
2	销售区	销售人员	商品名称	商品单价	销售数量	销售金额	目标数量	是否完成任务
3	北京市	周伯通	电脑	3688	332	1224416	320	完成任务
4		周伯通	冰箱	3284	162	532008	135	完成任务
5		洪七公	电脑	1985	265	526025	240	完成任务
6		洪七公	冰箱	2551	364	928564	340	完成任务
7		胡一刀	电脑	1985	267	529995	236	完成任务
8		胡一刀	冰箱	2551	364	928564	340	完成任务
9	上海市	令狐冲	电脑	3685	378	1392930	320	完成任务
10		令狐冲	冰箱	3096	282	873072	135	完成任务
11		王重阳	电脑	2035	269	547415	240	完成任务
12		王重阳	冰箱	2588	134	346792	340	未完成任务
13		丁春秋	电脑	2035	250	508750	240	完成任务
14		丁春秋	冰箱	2588	144	372672	340	未完成任务
15	广州市	左冷禅	电脑	2035	280	569800	240	完成任务
16		左冷禅	冰箱	2588	123	318324	340	未完成任务
17		任我行	电脑	2035	291	592185	240	完成任务
18		任我行	冰箱	2588	200	517600	340	未完成任务
19		苗人凤	电脑	2035	310	630850	240	完成任务
20		苗人凤	冰箱	2588	100	258800	340	未完成任务

图 7-8　取消单元格合并

(2) 选中 A 列，然后依次单击“查找和选择”→“定位条件”→“空值”按钮(或按 Ctrl + G 快捷键弹出“定位”对话框后，单击“定位条件”按钮，如图 7-9 所示)。

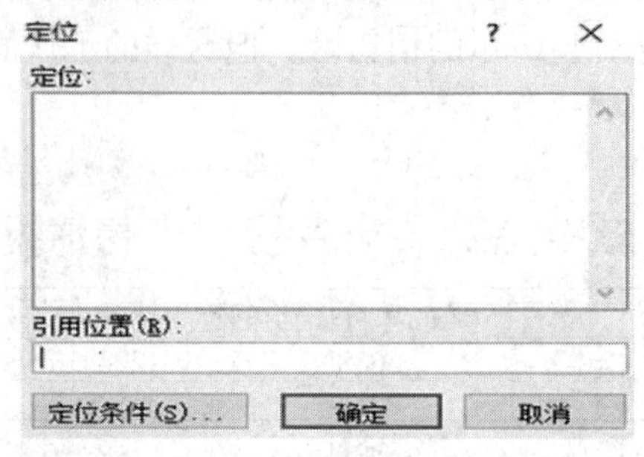

图 7-9　定位弹出框

(3) 在随后弹出的“定位条件”对话框中选中“空值”单选按钮，然后单击“确定”按钮，如图 7-10 所示。

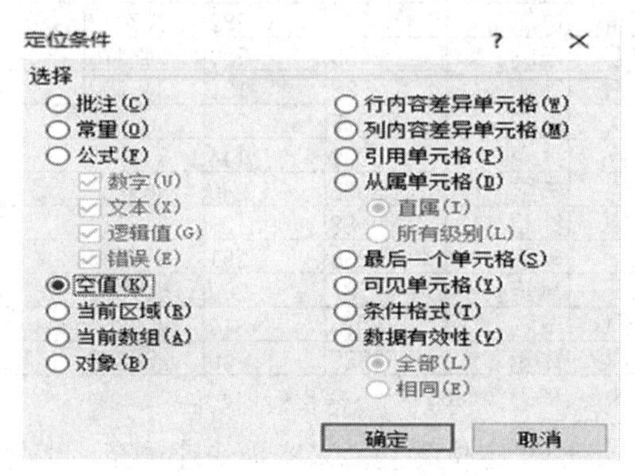

图 7-10　定位条件

(4) 在定位的空值单元格中输入“=A3”(根据实际情况输入)，如图 7-11 所示。

SUM　　=A3

	A	B	C	D	E	F	G	H
1	司各区域销售情况表							
2	销售区	销售人员	商品名称	商品单价	销售数量	销售金额	目标数量	是否完成任务
3	北京市	周伯通	电脑	3688	332	1224416	320	完成任务
4	=A3	周伯通	冰箱	3284	162	532008	135	完成任务
5		洪七公	电脑	1985	265	526025	240	完成任务
6		洪七公	冰箱	2551	364	928564	340	完成任务
7		胡一刀	电脑	1985	267	529995	236	完成任务
8		胡一刀	冰箱	2551	364	928564	340	完成任务
9	上海市	令狐冲	电脑	3685	378	1392930	320	完成任务
10		令狐冲	冰箱	3096	282	873072	135	完成任务
11		王重阳	电脑	2035	269	547415	240	完成任务
12		王重阳	冰箱	2588	134	346792	340	未完成任务
13		丁春秋	电脑	2035	250	508750	240	完成任务
14		丁春秋	冰箱	2588	144	372672	340	未完成任务
15	广州市	左冷禅	电脑	2035	280	569800	240	完成任务
16		左冷禅	冰箱	2588	123	318324	340	未完成任务
17		任我行	电脑	2035	291	592185	240	完成任务
18		任我行	冰箱	2588	200	517600	340	未完成任务
19		苗人凤	电脑	2035	310	630850	240	完成任务
20		苗人凤	冰箱	2588	100	258800	340	未完成任务

图 7-11　空值单元格处理

(5) 按 Ctrl + Enter 快捷键完成填充，结果如图 7-12 所示。

	A	B	C	D	E	F	G	H
1	各区域销售情况表							
2	销售区	销售人员	商品名称	商品单价	销售数量	销售金额	目标数量	是否完成任务
3	北京市	周伯通	电脑	3688	332	1224416	320	完成任务
4	北京市	周伯通	冰箱	3284	162	532008	135	完成任务
5	北京市	洪七公	电脑	1985	265	526025	240	完成任务
6	北京市	洪七公	冰箱	2551	364	928564	340	完成任务
7	北京市	胡一刀	电脑	1985	267	529995	236	完成任务
8	北京市	胡一刀	冰箱	2551	364	928564	340	完成任务
9	上海市	令狐冲	电脑	3685	378	1392930	320	完成任务
10	上海市	令狐冲	冰箱	3096	282	873072	135	完成任务
11	上海市	王重阳	电脑	2035	269	547415	240	完成任务
12	上海市	王重阳	冰箱	2588	134	346792	340	未完成任务
13	上海市	丁春秋	电脑	2035	250	508750	240	完成任务
14	上海市	丁春秋	冰箱	2588	144	372672	340	未完成任务
15	广州市	左泠禅	电脑	2035	280	569800	240	完成任务
16	广州市	左泠禅	冰箱	2588	123	318324	340	未完成任务
17	广州市	任我行	电脑	2035	291	592185	240	完成任务
18	广州市	任我行	冰箱	2588	200	517600	340	未完成任务
19	广州市	苗人凤	电脑	2035	310	630850	240	完成任务
20	广州市	苗人凤	冰箱	2588	100	258800	340	未完成任务

图 7-12　数据填充

3. Excel 中的数据类型和数据格式

在 Excel 中，数据类型只有三种，分别是文本型、数字型和逻辑型。所有单元格默认的类型为数字型；当输入内容是以单引号为先导符时为文本型，一般当单元格中的数据为文本型时，单元格的左上角会出现绿色的小三角型标记；逻辑型是指运算结果为 TRUE 或 FALSE 的二值型数据。三种类型分别可以用函数 istext()、isnumber()和 islogical()进行判断。

数据格式是指 Excel 中各个数据类型的外在表现形式，同一数据类型有多种数据格式，在工具栏上单击“设置单元格格式”按钮(或在单元格中右击，在弹出的快捷菜单中选择“设置单元格”命令)，出现设置数据格式对话框，如图 7-13 所示。

A6　　fx　=4>3

	A	B	C	D
1	数据	文本	数字	逻辑
2		=istext()	=isnumber()	=islogical()
3	123	FALSE	TRUE	FALSE
4	456	TRUE	FALSE	FALSE
5	Sample	TRUE	FALSE	FALSE
6	TRUE	FALSE	FALSE	TRUE
7	2017/3/26	FALSE	TRUE	FALSE
8	2017/3/26 23:10	FALSE	TRUE	FALSE

图 7-13　设置数据格式

关于数据类型和数据格式的关系主要有以下两点：

(1) 所有单元格默认的类型为数字型，单元格格式的改变不会改变数据类型本身，但单元格格式会影响新生成数据的类型。

(2) 以文本形式存储的数字，在参与四则运算时会转变成数字，结果为数字型；在参与函数运算时会忽略不计，但运算结果仍为数字型。

以上是 Excel 数据清洗的常用操作介绍，使用数据分列功能是为了使数据的粒度变小；定位填充功能是为了将原始数据中存在的合并居中现象取消，并实现快速的数据填充，实例中仅使用了定位条件中的“空值”，日常工作中可以根据实际需要，选取其他的条件。正确理解 Excel 中数据类型和数据格式的区别和联系，有利于在实际的数据操作中避免错误。

4. Excel 数据清洗常用函数

常用的 Excel 数据清洗函数有：

SUM( )函数、AVERAGE( )函数、COUNT( )函数、INT( )函数和 ROUND( )函数、IF( )函数、NOW( )函数和 TODAY( )函数、HLOOKUP( )函数和 VLOOKUP( )函数、ISNUMBER( )函数、ISTEXT( )函数和 ISLOGICAL( )函数、MAX( )函数和 MIN( )函数、SUMIF( )函数和 COUNTIF( )函数。

1) SUM( )函数

SUM( )函数用于承担数学的加法运算，其参数可以是单个数字或一组数字，因此它的加法运算功能十分强大。

SUM( )函数使用一个单元格区域的语法结构如下：

=SUM(A1:A12)

SUM( )函数使用多个单元格区域的语法结构如下：

=SUM(A1:A12,B1:B12)

2) AVERAGE( )函数

AVERAGE( )函数是频繁使用的一个统计函数，用于计算数据集的平均值，其参数可以是数字，或者是单元格区域。

AVERAGE( )函数使用一个单元格区域的语法结构如下：

=AVERAGE(A1:A12)

AVERAGE( )函数使用多个单元格区域的语法结构如下：

=AVERAGE(A1:A12,B1:B12)

3) COUNT( )函数

COUNT( )函数用于统计含有数字的单元格的个数。

注意：COUNT( )函数不会将数字相加，而只是统计共有多少个数字。COUNT( )函数的参数可以是单元格、单元格引用或者数字本身。

COUNT( )函数会忽略非数字单元格的值。例如，如果 A1:A10 是 COUNT( )函数的参数，但是其中只有两个单元格含有数字，那么 COUNT( )函数返回的值是 2。

COUNT( )函数使用一个单元格区域的语法结构如下：

=COUNT(A1:A12)

COUNT( )函数使用多个单元格区域的语法结构如下：

=COUNT(A1:A12,B1:B12)

4) INT( )函数和 ROUND( )函数

INT( )函数和 ROUND( )函数都是将一个数字的小数部分删除，两者的区别在于：

INT( )函数是无条件地将小数部分删除，无须进行四舍五入。该函数只有一个参数，其语法结构如下：

=INT(number)

需要注意的是，INT( )函数总是向下舍去小数部分。例如，INT(−5.1)和 INT(−5.9)都是等于 −6，而不是 −5，因为 −6 才是 −5.1 和 −5.9 向下舍入的数字。

相反，ROUND( )函数是将一个数字的小数部分四舍五入。该函数有两个参数：需要计算的数字和需要四舍五入的小数位数。其语法结构如下：

=ROUND(number, 小数位数)

另外，还有两个函数 ROUNDUP( )和 ROUNDDOWN( )，可以规定是向上舍入还是向下舍入。

ROUNDUP( )和 ROUNDDOWN( )的语法结构与 ROUND( )函数相似，为

=ROUNDUP(number, 小数位数)

=ROUNDDOWN(number, 小数位数)

5) IF( )函数

IF( )函数的主要用途是执行逻辑判断，根据逻辑表达式的真假，返回不同的结果，从而执行数值或公式的条件检测任务。

逻辑判断的结果是返回一个 TRUE 或 FALSE 的值，注意这里的 TRUE 或 FALSE 不是正确和错误的意思，而是逻辑上的真与假的意思。

IF( )函数的语法结构是：

=IF(逻辑判断, 为 TRUE 时的结果, 为 FALSE 时的结果)

例如，给出的条件是 B25＞C30，如果实际情况是 TRUE，那么 IF( )函数就返回第二个参数的值；如果是 FALSE，则返回第三个参数的值。

IF( )函数常常用于检查数据的逻辑错误，如使用二分法的多选题录入时，出现了 1 和 0 以外的数字，可以通过如下方式设置：

步骤 1：选中数值区域→格式→条件格式→公式。

步骤 2：输入公式，设置格式。

6) NOW( )函数

NOW( )函数根据计算机现在的系统时间返回相应的日期和时间。TODAY( )函数则只返回日期。NOW( )函数和 TODAY( )函数都没有参数，其语法结构如下：

=NOW( )

=TODAY( )

7) TODAY( )函数

TODAY( )函数常用来计算过去到“今天”总共有多少天的计算上。

例如，项目到今天总共进行多少天了？

在一个单元格上输入开始日期，另一个单元格输入公式减去 TODAY 得到的日期，得出的数字就是项目进行的天数。

请注意可能需要更改单元格的格式，才能正确显示所需要的日期和时间格式。

8) HLOOKUP( )函数和 VLOOKUP( )函数

HLOOKUP( )函数和 VLOOKUP( )函数都可以用于在表格中查找数据。所谓的表格，是指用户预先定义的行和列区域。具体来说，HLOOKUP( )函数返回的值与需要查找的值在同一列上，而 VLOOKUP( )函数返回的值与需要查找的值在同一行上。两个函数的语法结构是：

=HLOOKUP(查找值, 区域, 第几行, 匹配方式)

=VLOOKUP(查找值, 区域, 第几列, 匹配方式)

这两个函数的第一个参数是需要查找的值，如果在表格中查找到这个值，则返回一个不同的值。

9) ISNUMBER( )函数、ISTEXT( )函数和 ISLOGICAL( )函数

这三个函数的功能是判断 Excel 的数据类型，ISNUMBER( )函数判断单元格中的值是否是数字，ISTEXT( )函数判断单元格中的值是否是文本，ISLOGICAL( )函数判断单元格中的值是 TRUE 或 FALSE，这三个函数的返回值均为 TRUE 或 FALSE。其语法结构是：

=ISNUMBER(value)

=ISTEXT(value)

=ISLOGICAL(value)

10) MAX( )函数和 MIN( )函数

MAX( )函数和 MIN( )函数是在单元格区域中找到最大和最小的数值。两个函数可以拥有 30 个参数，参数还可以是单元格区域。这两个函数的语法结构是：

=MAX(number1, [number2], …)

=MIN(number1, [number2], …)

这两个函数使用一个单元格区域的语法结构是：

=MAX(A1:A12)

这两个函数使用多个单元格区域的语法结构是：

=MAX(A1:A12, B1:B12)

11) SUMIF( )函数和 COUNTIF( )函数

SUMIF( )函数和 COUNTIF( )函数分别根据条件汇总或计算单元格个数，如图 7-16 所示，因此 Excel 的计算功能会大大增强。

C1 =COUNTIF(A$1:A1,A1)

	A	B	C
1	**my memory**	1	1
2	trados 插件 扩展功能	1	1
3	translate.com rainbow	1	1
4	google reader	1	1
5	网站localization works	1	1
6	软件本地化	1	1
7	UI manul 联机帮助	2	1
8	UI manul 联机帮助	2	2
9	chm文件？	1	1
10	一般用半角符号	1	1
11	Undo——撤销(U)	2	1
12	Undo——撤销(U)	2	2
13	ctrl shift E	2	1
14	ctrl shift E	2	2
15	图片——右击—update from file	2	1
16	图片——右击—update from file	2	2
17	ezParse--text based file ---txt	1	1

图 7-16 汇总单元格个数示例

(1) SUMIF 函数有 3 个参数，其语法结构为：

=SUMIF(判断范围, 判断要求, 汇总的区域)

第一个参数可以与第三个参数不同，即实际需要汇总的区域可以不是应用判断要求的区域。第三个参数可以忽略，在忽略的情况下，第一个参数应用条件判断的单元格区域就

会用来作为需要求和的区域。

(2) COUNTIF( )函数用来计算单元格区域内符合条件的单元格个数。COUNTIF( )函数只有两个参数，其语法结构为

=COUNTIF(单元格区域, 计算的条件)

如果其中一个单元格的值符合条件，则不管单元格里面的值是多少，返回值都是 1。利用这一特性可以进行重复数据的处理。

例如：对图 7-16 中的数据进行处理，分别找出重复值和非重复值。命令如下：

B1=COUNTIF(A:A, A1)寻找重复值；

C1=COUNTIF(A$1:A1, A1)筛选出所有非重复项(筛选出 1 即可)。

5. Excel 数据清洗操作的注意事项

在利用 Excel 进行数据清洗操作过程中，通常我们需要遵循如下注意事项：

(1) 同一份数据清单中避免出现空行和空列。

(2) 数据清单中的数据尽可能细化，不要使用数据合并。

(3) 构造单行表头结构的数据清单，不要有两行以上的复杂表头结构。

(4) 单元格的开头和末尾避免输入空格或其他控制符号。

(5) 在一个工作表中要避免建立多个数据清单，每个工作表仅使用一个数据清单。

(6) 当工作表中有多个数据清单时，则数据清单之间应至少留出一个空列和一个空行，以便于检测和选定数据清单。

(7) 关键数据应置于数据清单的顶部或底部。

(8) 对原始工作表做好备份，在执行完所有的清洗操作并确认无误后再将数据复制到原始表中。

6. Excel 数据清洗实例

现有一个企业招聘职位信息的数据集，如图 7-17 所示，约有 5000 条数据，客户提出需要了解数据分析师岗位情况，包括岗位分布和特点、能力要求、工资和薪酬等。由于数据集没有经过处理，所以表中的数据还很不规范，含有大量数据重复、缺失、单列数据粒度过大等问题，因此在进行数据分析前，需要进行数据清洗操作，以使数据规范化。下面介绍执行数据清洗的主要过程。

城市	公司名称	公司编号	公司福利	公司规模	经营区域	经营范围	教育程度	职位编号	职位标签	薪水	工作年限要求
上海	上海飞牛信息科技有限公司	SD742568	五险一金	2000人以上	['陕西南路']	互联网	本科	A2056876	工程师	20k-30k	无要求
上海	上海飞非信息科技有限公司	SD742568	五险一金	2000人以上	['陕西南路']	互联网	本科	A2056877	工程师	20k-30k	2年以上
上海	上海东钦信息科技有限公司	SD742569	五险一金	100-200人		金融	大专	A2056878	工程师	20k以上	3年以上
上海	上海云飞信息有限公司	SD742570	五险一金	20人以上		数据服务	大专	A2056879	工程师	10k-20k	2年以上
上海	上海惠农信息有限公司	SD742571	五险一金	50人以内		软件	本科	A2056880	工程师	20k-30k	2年以上
上海	上海远大信息有限公司	SD742572		100人以上		金融	大专	A2056881	工程师	20k-30k	2年以上
上海	上海ABC信息科技有限公司	SD742573	五险一金	50-100人		互联网	本科	A2056882	工程师	20k以上	3年以上
上海	上海农兴信息有限公司	SD742574	五险一金	100-200人		互联网	硕士	A2056883	工程师	10k-20k	无要求
上海	上海艾登信息有限公司	SD742575	五险一金	20人以上		软件	大专	A2056884	工程师	20k-30k	2年以上
上海	上海雅丁信息有限公司	SD742576		50人以内	张江	金融	大专	A2056885	工程师	20k-30k	3年以上
上海	上海龙飞有限公司	SD742577	五险一金	100人以上		数据服务	本科	A2056886	工程师	20k以上	2年以上
上海	上海ISE信息有限公司	SD742578	五险一金	50-100人		软件	大专	A2056887	工程师	10k-20k	2年以上
上海	通联（上海）数据有限公司	SD742579	五险一金	100-200人	世纪公园	互联网	本科	A2056888	工程师	20k-30k	2年以上
上海	贝尔数据有限公司	SD742580	五险一金	20人以上		软件	硕士	A2056889	工程师	20k-30k	3年以上
上海	灵通数据有限公司	SD742581	五险一金	50人以内		金融	大专	A2056890	工程师	20k以上	无要求
上海	上海消音器信息有限公司	SD742582	五险一金	100人以上	四川北路	数据服务	大专	A2056891	工程师	10k-20k	2年以上
上海	上海消音器信息有限公司	SD742582	五险一金	100人以上	四川北路	数据服务	大专	A2056891	工程师	10k-20k	2年以上

图 7-17　信息实例

拿到数据后，可以看到数据集表头由城市、公司名称、公司编号、公司福利、公司规模、经营区域、经营范围、教育程度、职位编号、职位标签、薪水和工作年限要求等属性组成。

数据整体较为规整，但通过初步观察，不难发现该数据集主要存在如下问题：

(1) 数据缺失。数据集中的公司福利、经营区域、职位标签等存在缺失。

(2) 数据不一致。数据集中的公司名称存在不一致性，比如上海飞牛信息科技有限公司与上海飞非信息科技有限公司的公司编号是一致的，但是公司名称只差一个字。

(3) 存在“脏”数据。在本例子中的最后一行数据，“上海消音器信息有限公司”的数据存在重复的情况，重复的数据属于典型的“脏”数据。

(4) 数据不规范。在薪水的属性中是用 k 到几 k 的范围表示，因为是文本类型无法直接进行计算，故此也属于数据不规范的情况。

根据以上问题，依据数清洗的基本知识，可采取的对应的处理方式如下：

(1) 清洗薪水数据：可以把薪水设置为最低和最高薪水两个范围区间，同时把 k 替换成 1000 来表达，方便分析与计算。

(2) 分列操作：把薪水属性一个列分为两个列，分别表示薪水的下限与上限。

(3) 搜索替换不一致：将公司名称不一致的进行搜索，替换成名称一致的公司以便进行统计分析。

7.2 使用 Kelltle 进行数据清洗

1. Kettle 简介

Kettle 是一款国外的开源 ETL 工具，也是世界上最流行的开源商务智能软件 Pentaho 的主要组件之一，中文名称叫水壶，主要用于数据库间的数据迁移，商业名称 PDI，纯 Java 编写，可跨平台运行，主要作者为 Matt。2005 年 12 月，Kettle 成为开源软件。

Kettle 使用图形界面进行可视化的 ETL 过程设置操作，以命令行形式执行，支持非常广泛的数据库类型与文本格式输入和输出，支持定时和循环，实现了把各种数据放到一个壶中，并按用户的要求格式输出，具有可集成、可扩展、可复用、跨平台、高性能等优点，目前在国内外大数据项目上有广泛的应用。Kettle 软件主要由四个组件组成：Spoon、Pan、Chef 和 Kitchen。

(1) Spoon 是一个图形化界面，用于设计 ETL 转换过程(Trans formation)。

(2) Pan 批量运行由 Spoon 设计的 ETL 转换，是一个后台执行的程序，没有图形界面。

(3) Chef 用于创建任务(Job)。通过允许每个转换、任务、脚本等，进行自动化更新数据仓库的复杂工作。

(4) Kitchen 也是一个后台运行的程序，功能是批量使用由 Chef 设计的任务。

2. Kettle 软件的下载和安装

Kettle 软件的下载地址为 http://sourceforge.net/projects/pentaho/files，为方便使用，建议下载稳定版本 4.4.0，即下载文件 Data Integration/ 4.40-syable/pdi-ce-4.4.0-stable.zip，本书主要介绍 Kettle 在 Windows 环境下的安装、配置和使用。由于软件基于 Java 环境运行，所以安装前先要配置 Java 运行环境，要注意 Kettle 版本和 Java 版本的匹配，这里需要安装的 Java 版本为 1.7.0_79。解压下载的文件，在解压的文件夹里，可以看到 Kettle 的启动文件 Kettle.exe 或 Spoon.bat。双击运行，就可以看到 Kettle 的开始界面，显示软件相关版本信息与 GNU 相关协议说明，如图 7-18 所示。

图 7-18 版本信息和协议

3. Kettle 软件界面

显示开始界面后，Kettle 会弹出资源库连接(Repository Connection)对话框，可以输入特定资源库的用户名和密码完成登录，如图 7-19 所示。登录时单击 Cancel 按钮即可进入 Kettle，此时所定义的转换和工作是以 XML 文件方式存储在本地磁盘上，以.ktr 和.kjb 作为后缀名。若使用资源库登录，则所有定义的转换和工作将会存储到资源库里，资源库即数据库，例如 MS SQLServer 数据库，里面存储了 Kettle 定义的元素的相关元数据库。资源库创建完毕，其相关信息将存储在 repositories.xml 文件中，它位于默认 home 目录的隐藏目录.kettle 中。如果是 Windows 系统，该路径为 C:\Documents and Settings\<username>\.kettle。进入 Kettle 设计界面，弹出“Spoon 提示信息”对话框，直接单击“关闭”按钮，如图 7-20 所示。

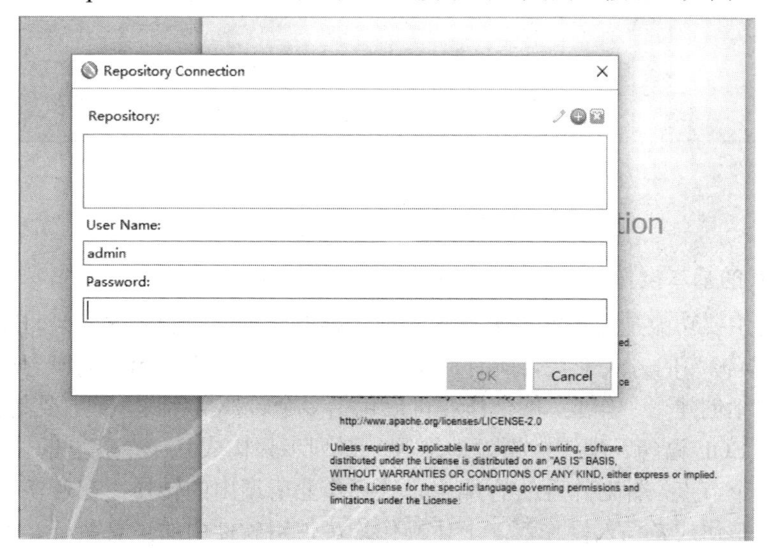

图 7-19 登录 Kettle

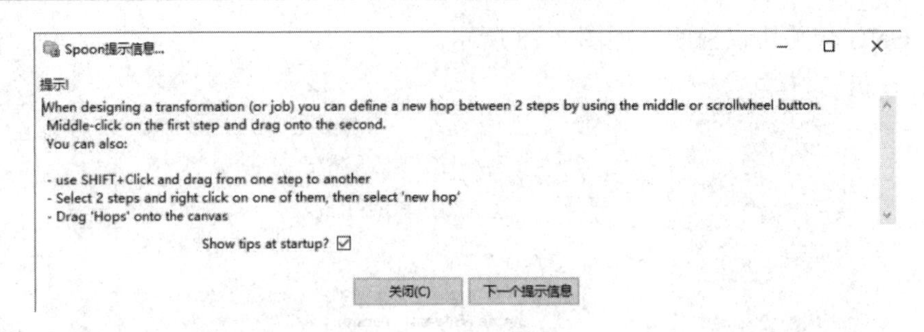

图 7-20 Kettle 设计界面

Kettle 的设计界面如图 7-21 所示，按数字标识顺序，各主要功能如下：

① 表示 Kettle 软件的菜单栏；

② 表示 Kettle 软件的快捷工具栏；

③ 表示透视图功能，包括数据集成、模型和可视化三个组件；

④ 表示在使用 Kettle 时所涉及使用到的对象；

⑤ 表示 Kettle 中所有的组件；

⑥ 表示根据选择②或者③显示相应的结果；

⑦ 表示 Kettle 设计界面。

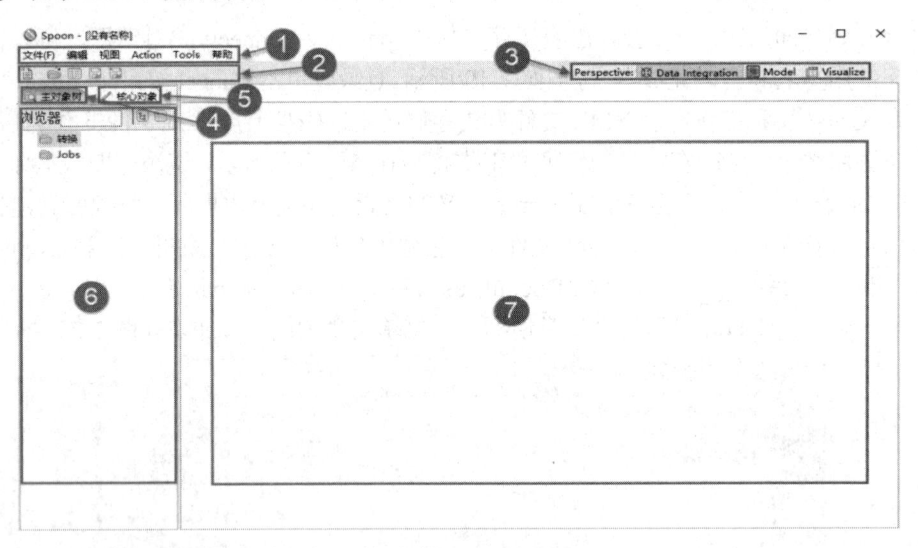

图 7-21 主要功能

4. Kettle 的基本操作

Kettle 的主要功能是用来实现数据的转换、抽取和加载，也就是实现 ETL 的功能。Kettle 提供了资源库的方式来整合所有的工作，图 7-22 所示为 Kettle 的概念模型。数据抽取过程主要包括创建一个作业，每个作业可以包括多个转换操作。转换主要是操作数据库，由编写和执行 SQL 语句、配置数据库地址等一系列步骤构成。一个完整的作业包括开始、作业、成功三个节点，针对作业进行编辑，选择作业所调用的转换，在转换中可以配置查询操作、更新操作或者插入操作等。上述操作均可使用软件中的工具执行，也可以通过编写程序调用的方式来实现。

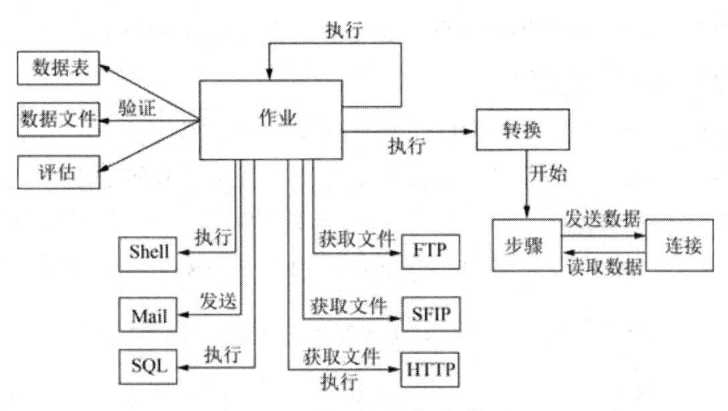

图 7-22　Kettle 的概念模型

1) 转换(transformation)

转换主要是针对数据的各种处理，其本质是一组图形化的数据转换配置的逻辑结构，一个转换由若干个步骤(Steps)和连接(Hops)构成，转换文件的扩展名是.ktr。图 7-23 所示的转换例子，是一个从文本文件中读取数据、过滤、排序，然后将数据加载到数据库的过程。

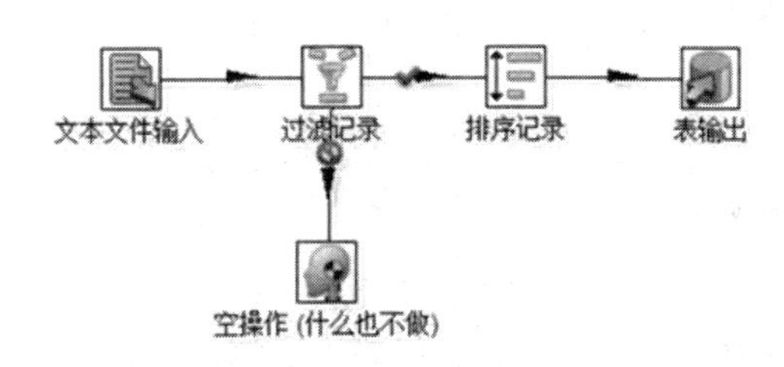

图 7-23　文本文件转换过程

(1) 步骤。

转换的构建模块，如一个数据文件的输入或一个表的输出就是一个步骤。按不同的功能分类，Kettle 中的步骤主要有输入类、输出类和脚本类等。每种步骤用于完成某种特定的功能，通过配置一系列的步骤就可以完成相关的数据转换任务。

(2) 连接。

数据的通道，用于连接两个步骤，实现将元数据从一个步骤传递到另一个步骤。构成一个转换的所有步骤，并非按顺序执行，节点的连接只是决定了贯穿在步骤之间的数据流，步骤之间的顺序并不是转换执行的顺序。当执行一个转换时，每个步骤都以其自己的线程启动，并不断地接收和推送数据。

在一个转换中，因为所有的步骤是同步开启并运行的，所以步骤的初始化顺序是不可知的。因此我们不能在第一个步骤中设置一个变量，并试图在后续的步骤中使用它。一个步骤可以有多个连接，数据流可以从一个步骤流到多个步骤。

2) 作业(Jobs)

作业是比转换更高一级的处理流程，基于工作流模型协调数据源、执行过程和相关依赖性的 ETL 活动，实现了功能性和实体过程的聚合，作业由作业节点连接、作业项(Job Entry)和作业设置组成，作业文件的扩展名是 .kjb。

一个作业中展示的任务有从 FTP 获取文件、核查一个数据库表是否存在、执行一个转换、发送邮件通知一个转换中的错误等，最终的结果可能是数据仓库的更新等。

5. Kettle 数据清洗实例操作

现有一个关于银华基金的基金名称和基金代码信息的数据集，如图 7-24 所示。由于原始数据是通过网络爬虫抓取获得的，所以数据集存在数据错误和重复的问题；另外，抓取的基金名称是字符串型数据，有可能会出现字符编码的乱码或者字符串后有换行符等问题，所以需要对该数据集做清洗操作，本节介绍利用 Kettle 实现数据清洗的过程。

比较	序号	基金代码	基金简称	日期	单位净值	累计净值	日增长率	近1周	近1月	近3月	近6月	近1年	近2年	近3年	今年来	成立来	自定义
	1	003741	鹏华丰盈债券	06-18	1.3227	1.4106	0.01%	30.93%	31.06%	31.65%	33.09%	36.31%	42.09%	---	32.73%	44.11%	36.25%
	2	003304	前海开源沪港	06-18	1.1930	1.2230	0.85%	4.65%	10.70%	0.86%	21.59%	22.20%	20.04%	---	22.68%	22.44%	26.10%
	3	003305	前海开源沪港	06-18	1.1890	1.2190	0.85%	4.57%	10.74%	0.77%	21.43%	23.15%	19.64%	---	22.53%	22.04%	26.99%
	4	001162	前海开源优势	06-18	1.0560	1.0560	1.54%	4.14%	11.86%	4.97%	22.65%	-10.28%	9.20%	27.23%	26.32%	5.60%	-6.55%
	5	001638	前海开源优势	06-18	1.1590	1.1590	1.58%	4.13%	11.76%	4.98%	22.65%	-10.36%	9.13%	26.39%	26.25%	15.90%	-6.61%
	6	005138	前海开源润鑫	06-18	1.2880	1.2880	1.75%	4.08%	7.16%	-1.25%	20.78%	28.89%	---	---	23.74%	28.80%	29.14%
	7	005139	前海开源润鑫	06-18	1.2834	1.2834	1.75%	4.08%	7.16%	-1.28%	20.71%	28.78%	---	---	23.68%	28.34%	29.02%
	8	161127	易标普生物科	06-17	1.2798	1.2798	4.68%	3.92%	3.44%	-3.88%	12.82%	-6.17%	17.18%	---	17.52%	27.98%	---
	9	005506	前海开源丰鑫	06-18	1.2811	1.2811	1.59%	3.73%	6.80%	-7.00%	16.65%	28.72%	---	---	19.74%	28.11%	28.82%
	10	005505	前海开源丰鑫	06-18	1.2821	1.2821	1.60%	3.73%	6.82%	-6.98%	16.71%	28.78%	---	---	19.80%	28.21%	28.88%
	11	160140	南方道琼斯美	06-17	1.1725	1.1725	2.55%	3.50%	3.57%	8.53%	15.77%	21.93%	---	---	19.56%	17.25%	---
	12	160141	南方道琼斯美	06-17	1.1643	1.1643	2.55%	3.49%	3.54%	8.39%	15.52%	21.36%	---	---	19.32%	16.43%	---
	13	002207	前海开源金银	06-18	0.8890	0.8890	1.25%	3.25%	10.30%	0.11%	9.08%	-1.88%	-9.65%	-29.78%	9.35%	-11.10%	2.30%
	14	001302	前海开源金银	06-18	0.9040	0.9040	1.23%	3.20%	10.38%	0.11%	9.18%	-1.74%	-9.51%	-28.65%	9.31%	-9.60%	2.49%

图 7-24　信息数据集

从左侧“输入”列表中选择 Data Grid(行静态数据网格)并拖放到转换设计区，双击打开设置窗口，引用要读取数据的网址，如图 7-25 和图 7-26 所示，处理步骤如下：

图 7-25　操作展示

图 7-26　操作展示

(1) 拖入一个 Http client，通过 HTTP 调用 Web 服务，如图 1-27 所示。选择 Accept URL from field 选项，并选择 index 作为 URL 的来源字段。注意字符集的设置，避免后面获取的接口数据出现乱码。

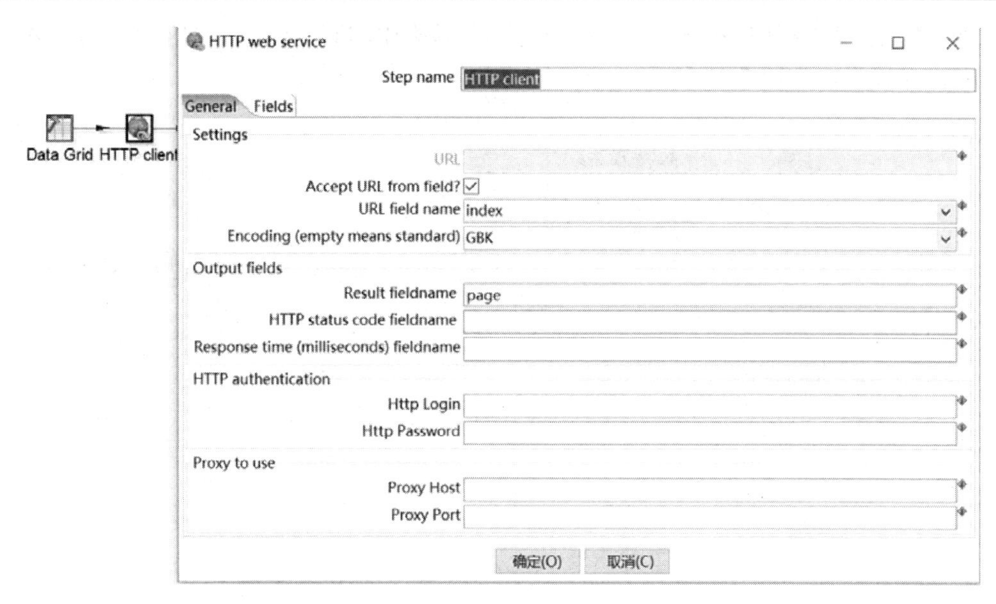

图 7-27　HTTP web service 设置

(2) 从“脚本”列表中拖入 Modified Java Script Value，用于脚本值的改进，并改善界面和性能。在 Java Script 里写入正则表达式对通过 Http client 组件得来的源代码进行解析，如图 7-28 所示。

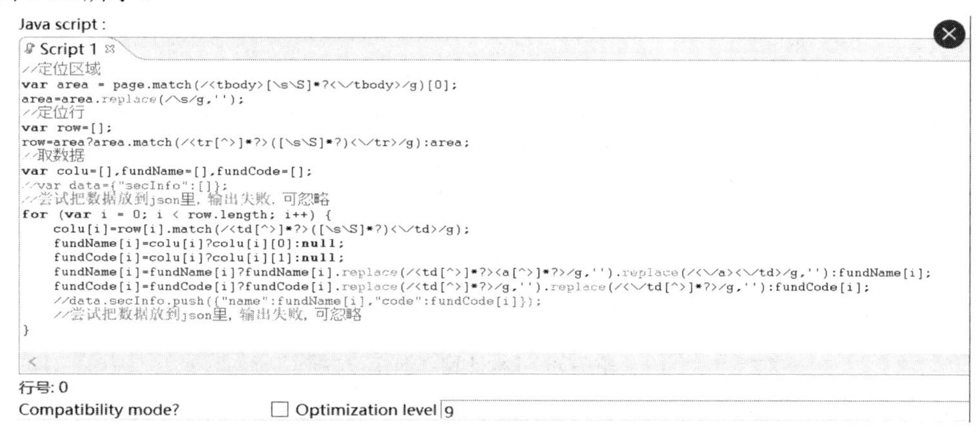

图 7-28　正则表达式

(3) 从“转换”列表中拖入 Split field to rows，用分隔符分隔单个字符串字段，并为每个分割项创建一个新行，如图 7-29 所示。

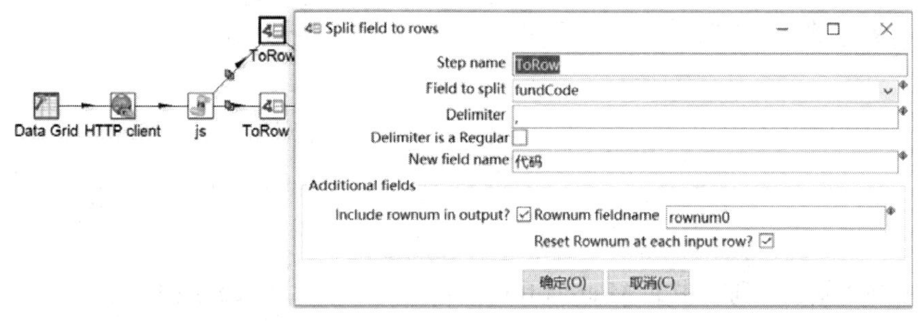

图 7-29　操作展示

(4) 继续拖入“查询”列表中的“流查询”，从转换中的其他流里查询值并将其放入“简称”这个字段里，如图 7-30 所示。

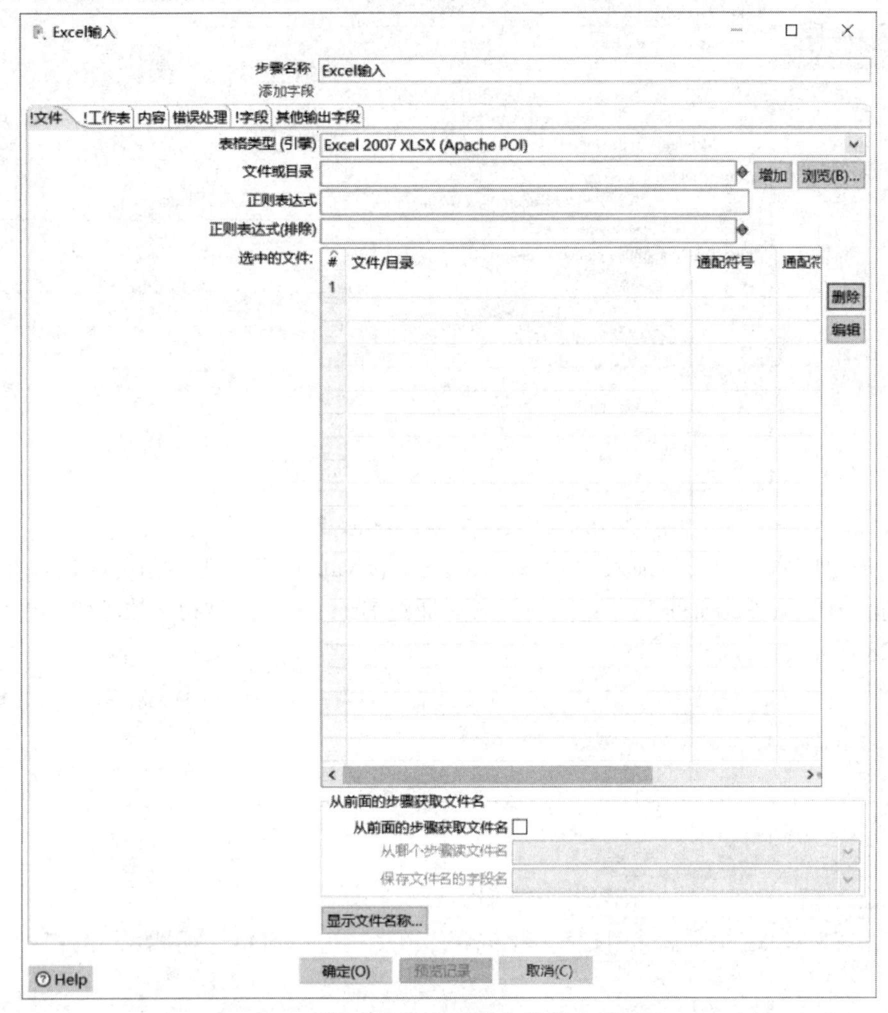

图 7-30　Excel 输入操作

(5) 拖入 Flow 列表中的“过滤记录”，定制过滤条件，用相等或者不相等的判断表达式来过滤数据，如图 7-31 所示。

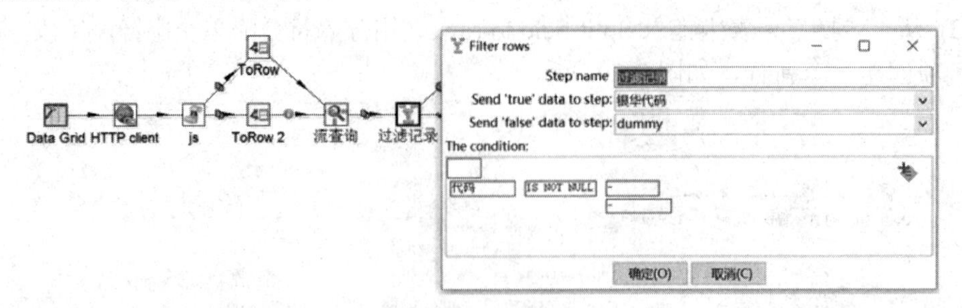

图 7-31　过滤记录

(6) 拖入“输出”列表中的 Microsoft Excel Writer，使用 Excel 组件中的 Microsoft Excel Writer 组件将数据写入 Excel。

完成以上步骤之后，在菜单栏中选择“Action”→“运行”命令即可，运行结果如图7-32所示。可以看到，在执行结果中显示了执行的步骤名称、读写次数、处理条目、处理时间和处理速度等信息。

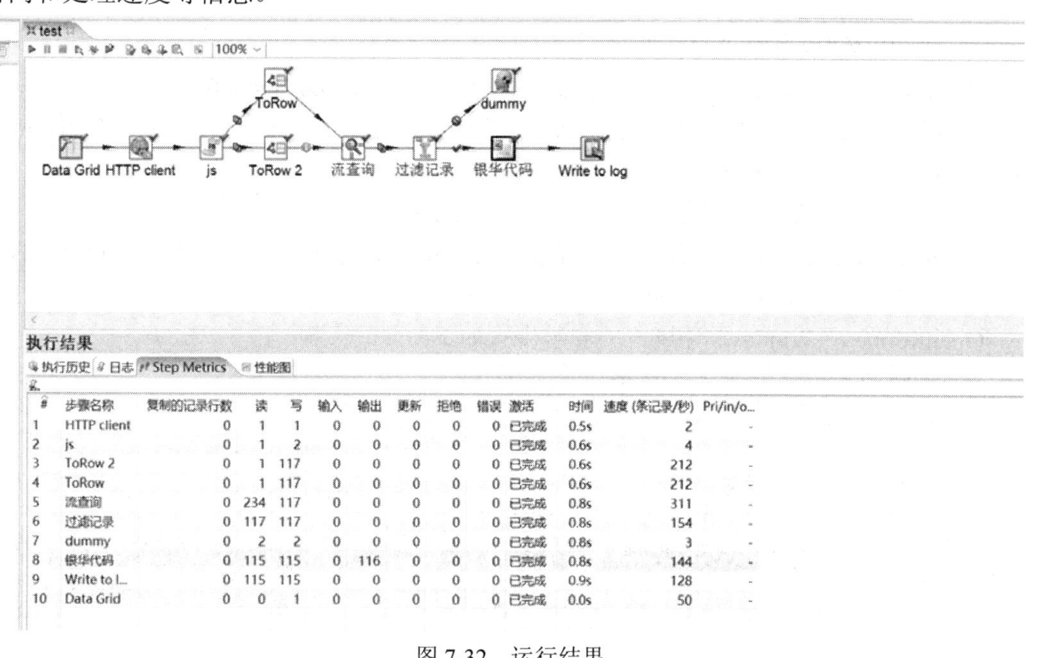

图7-32　运行结果

7.3　使用OpenRefine进行数据清洗

1. OpenRefine简介

OpenRefine最初叫做Freebase Gridworks，由一家名为Metaweb的公司开发，主要用于调试各种表格，以避免随着时间的推移出现错误，这对于任何数据库来说都是一个很大的问题。后来，该软件被谷歌收购，更名为Google Refine，并发布了第2版。2012年10月，Google Refine被社区接管，并以OpenRefine为名进行了开源。

OpenRefine是典型的交互数据转换工具(Interactive Data Transformation tools，IDTs)，可以观察和操纵数据，使用单个的集成接口，对大数据进行快速、高效的操作。它类似于传统的表格处理软件Excel，但是工作方式更像是数据库，以列和字段的方式工作，而不是以单元格的方式工作。

OpenRefine的主要功能有以下几种：

(1) 多种格式的数据源文件支持：如JSON、XML、Excel等，除此之外，还可以通过插件的方式为OpenRefine添加更多格式的数据源的支持。

(2) 数据的探索与修正：OpenRefine支持对数据的排序、分类浏览、查重、文本数据过滤等操作。还支持对单个列中的数据进行分割、将多个列的数据通过某种规则合并、对相似的数据进行聚类、基于已有数据生成新的数据列、行列转换等，而且这些操作都非常简单快捷。

(3) 关联其他数据源：数据是相互联系的，OpenRefine 支持将自己的数据与其他数据源进行关联，如将人员数据与 Facebook 数据进行关联。通过插件的方式，能够实现各种数据之间的关联。

2. OpenRefine 软件下载和安装

OpenRefine 基于 Java 环境运行，因此是跨平台的。OpenRefine 2.6 版是它改名以来的第一个发行版本，目前最新版本为 2.7。本书将采用 Google Refine 2.5 版本进行介绍，所有 OpenRefine 的具体介绍和操作均是指 Google Refine 2.5。

最新版 OpenRefine 的下载地址为 http://openrefine.org/。

Google Refine 2.5 版的下载地址为 https://github.com/OpenRefine/ OpenRefine/releases/download/2.5/google-refine-2.5-r2407.zip。

OpenRefine 在 Windows 环境下的安装步骤如下：

(1) 安装和配置好 Java 运行环境。

(2) 从上述 Google Refine 2.5 版下载地址下载 zip 包。

(3) 解压到某个目录。

(4) 双击 google-refine.exe 文件，启动 OpenRefine，如图 7-34 所示。

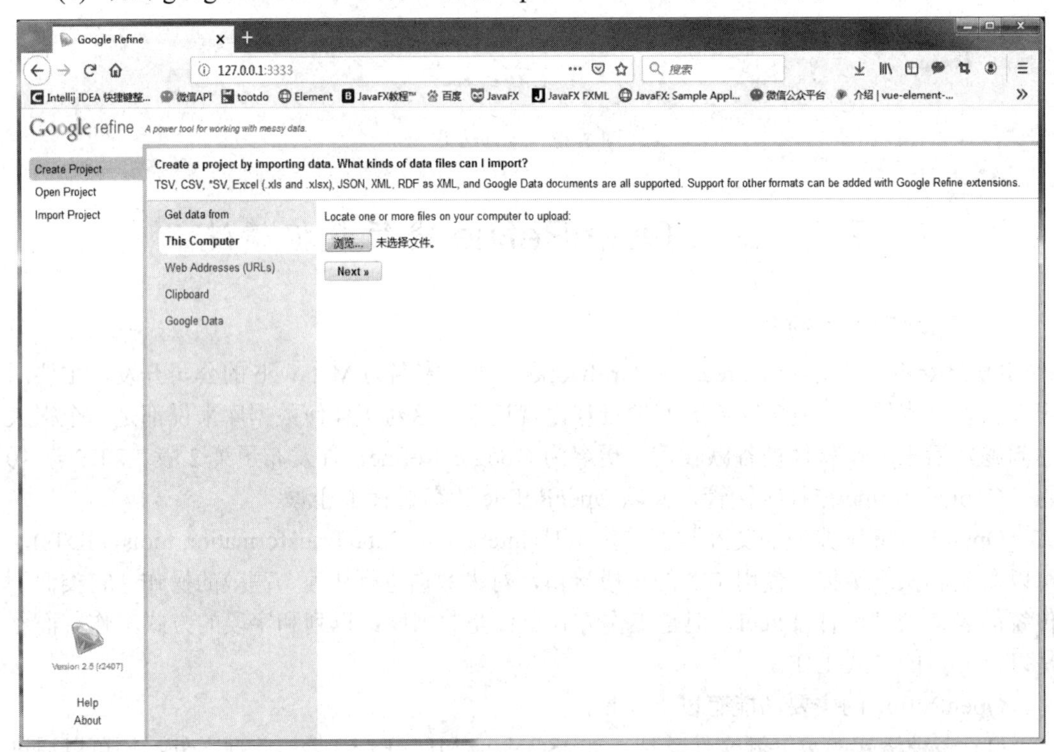

图 7-33 OpenRefine 启动界面

3. OpenRefine 基本操作

创建 OpenRefine 项目十分简单，只需要选择文件、预览数据内容、确认创建 3 个步骤。通过单击“创建项目”标签页，选择数据集，单击“下一步”按钮来创建新项目。在 OpenRefine 中加载数据后，将显示如图 7-34 所示的界面内容。

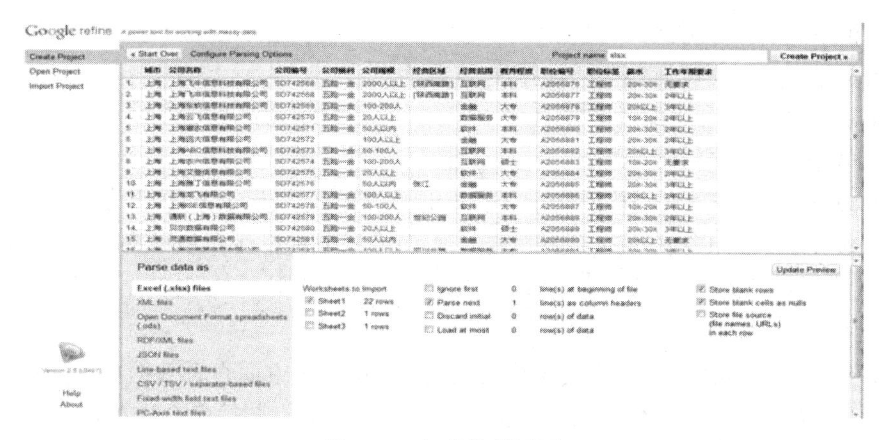

图 7-34　加载数据界面

在界面中，主要显示了数据集的总行数、显示选项、数据列名称和菜单、数据内容等信息。在开始剖析清理数据前，十分重要的一点是确保 OpenRefine 较好地载入并显示了数据：查看列名称是否被解析正确(数据显示较宽时请使用水平滑动条)、单元格类型是否正确等。默认情况下，显示的数据数目为 10 条，可以单击 Show 选项中的数值改变显示条目数量，最大值为 50。下面继续介绍几种 OpenRefine 数据清洗的常用操作：

1) 排序(Sort)操作

排序是观察数据的常用手段，因为排过序的数据更加容易理解和易于分析，在 OpenRefine 相关列名的下拉菜单中选择 Sort，如图 7-35 所示，将打开排序操作窗口，如图 7-36 所示。

Show as: rows records　Show: 5 10 25 50 rows　« first ‹ previous 1 - 10 next › last »

Facet / Text filter / Edit cells / Edit column / Transpose / Sort... / View / Reconcile

All	城市	公司名称	公司编号	公司福利	公司规模	经营区域	经营范围	教育程度	职位编号	职位标签	薪水
1.	上海	上海飞牛信息科技有限公司			2000人以上	[陕西南路]	互联网	本科	A2056876	工程师	20k-30k
2.	上海	上海飞非信息科技有限公司			2000人以上	[陕西南路]	互联网	本科	A2056877	工程师	20k-30k
3.	上海	上海东软信息科技有限公司			100-200人		金融	大专	A2056878	工程师	20k以上
4.	上海	上海云飞信息有限公司			20人以上		数据服务	大专	A2056879	工程师	10k-20k
5.	上海	上海惠农信息有限公司			50人以内		软件	本科	A2056880	工程师	20k-30k
6.	上海	上海远大信息有限公司			100人以上		金融	大专	A2056881	工程师	20k-30k
7.	上海	上海ABC信息科技有限公司			50-100人		互联网	本科	A2056882	工程师	20k以上
8.	上海	上海农兴信息有限公司			100-200人		互联网	硕士	A2056883	工程师	10k-20k
9.	上海	上海艾登信息有限公司			20人以上		软件	大专	A2056884	工程师	20k-30k
10.	上海	上海雅丁信息有限公司			50人以内	张江	金融	大专	A2056885	工程师	20k-30k

图 7-35　选择 Sort 菜单

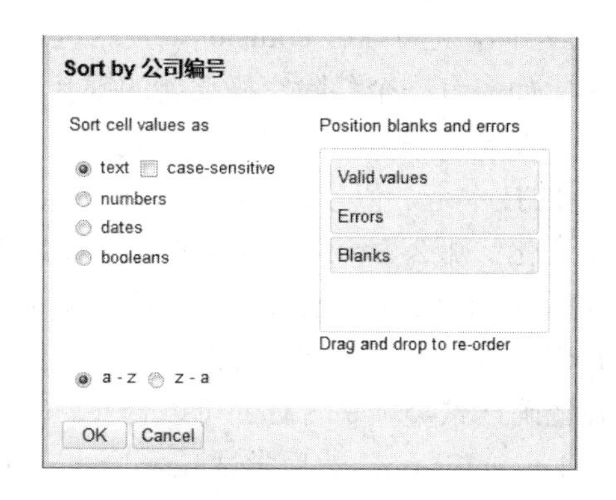

图 7-36　打开排序操作窗口

单元格值可以按照文本(区别大小写或者不区别)、数字、日期、布尔值排序，对每个类别有两种不同的排序方式：

Text(文本)：a～z 排序或者 z～a 排序。

Numbers(数字)：升序或者降序。

Dates(日期)：升序或者降序。

Booleans(布尔值)：FALSE 值先于 TRUE 值或 TRUE 值先于 FALSE 值。

还可以对错误值和空值指定排序顺序，比如错误值可以排在最前面(这样容易发现问题)，空值排在最后(因为空值一般没有意义)，而有效值居中。

2) 透视(Facet)操作

透视操作是 OpenRefine 的主要工作方式之一，用于多方面查看数据集的变化范围，实现对数据的透视分类操作，包括文字、数字、时间线、散点图等多个选项，并支持用户自定义操作。透视操作并不改变数据，但由此可以获得数据集的有用信息，如图 7-37 所示。

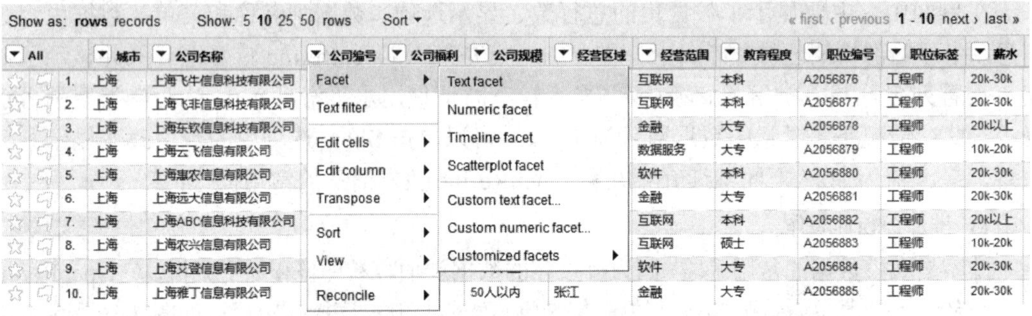

图 7-37 透视(Facet)操作

文本透视(Text facet)：与电子表格的过滤功能非常相似，将特定文本的值进行分组归类；

数字透视(Numeric facet)：用于查看一列数据值的分布范围。

时间线透视(Timeline facet)：使用时间轴来查看列内容的分布情况。

散点图透视(Scatterplot facet)：用于数据列之间数值的相关性分析。

3) 聚类(Cluster)操作

在 OpenRefine 中，通过对数据集中相似的值进行聚类分析，便于找出一些如拼写有微小错误的“脏”数据。OpenRefine 提供两种不同的聚类模式，即 key collision 和 nearest neighbor，这两种模式的原理不同。对于 key collision，使用键函数来影射某个键值，相同的聚类有相同的键值。比如，如果有一个移除空格功能的键函数，那么“A B C 和 AB C”“ABC”就会有相同的键值：ABC。事实上，键函数在构建上更加复杂和高效。

而 nearest neighbor 使用的技术是，值与值之间使用 distance function 来衡量。比如，如果将每一次修改称为一个变化，那么 Boot 和 Bots 的变化数是 2：一次增加和一次修改。对于 OpenRefine 来说，其使用的 distance function 称为 levenshtein。

在实际应用中，很难确定究竟哪种模式和方法组合最好。因此，最好的方法是尝试不同的组合，每次都需要小心地确认聚类项是否真的可以合并。OpenRefine 能够帮助我们进行有效组合：比如，先尝试 key collision，然后尝试 nearest neighbor。

可以通过单击待操作列名的下拉菜单，选择“Edit cells”→“Cluster and edit”命令，如图 7-38 所示。

Show as: **rows** records　Show: 5 **10** 25 50 rows　Sort ▾　« first ‹ previous **1 - 10** next › last »

	All	城市	公司名称	公司编号	公司福利	公司规模	经营区域	经营范围	教育程度	职位编号	职位标签	薪水
1.		上海	上海飞牛信息科技有限公司			2000人以上	[陕西南路]	互联网	本科	A2056876	工程师	20k-30k
2.		上海	上海飞非信息科技有限公司			2000人以上	[陕西南路]	互联网	本科	A2056877	工程师	20k-30k
3.		上海	上海东软信息科技有限公司			100-200人		金融	大专	A2056878	工程师	20k以上
4.		上海	上海云飞信息有限公司					数据服务	大专	A2056879	工程师	10k-20k
5.		上海	上海惠农信息有限公司					软件	本科	A2056880	工程师	20k-30k
6.		上海	上海远大信息有限公司					金融	大专	A2056881	工程师	20k-30k
7.		上海	上海ABC信息科技有限公司					互联网	本科	A2056882	工程师	20k以上
8.		上海	上海农兴信息有限公司					互联网	硕士	A2056883	工程师	10k-20k
9.		上海	上海艾登信息有限公司					软件	大专	A2056884	工程师	20k-30k
10.		上海	上海雅丁信息有限公司					金融	大专	A2056885	工程师	20k-30k

Facet ▸
Text filter
Edit cells ▸
Edit column ▸
Transpose ▸
Sort ▸
View ▸
Reconcile ▸

Transform...
Common transforms ▸
Fill down
Blank down
Split multi-valued cells...
Join multi-valued cells...
Cluster and edit...

图 7-38　Cluster and edit 命令

Text facet(文本透视)是 OpenRefine 的核心功能之一，在招聘信息数据集中包含的城市或者国家等名称的列，若想大致了解这个字段都有哪些值和这些值的统计次数有多少，那么就可以使用文本透视功能。在教育程度列菜单中选择“Facet”→“Text facet”命令，结果会出现在屏幕左侧的 Facet/Filter 页面中，如图 7-39 所示。

现在就可以在屏幕左侧的Facet/Filter页面中清楚地看到各个公司需求人才的教育程度的归类，在每组的右下角还显示了这些数据的行数，如图 7-40 所示。

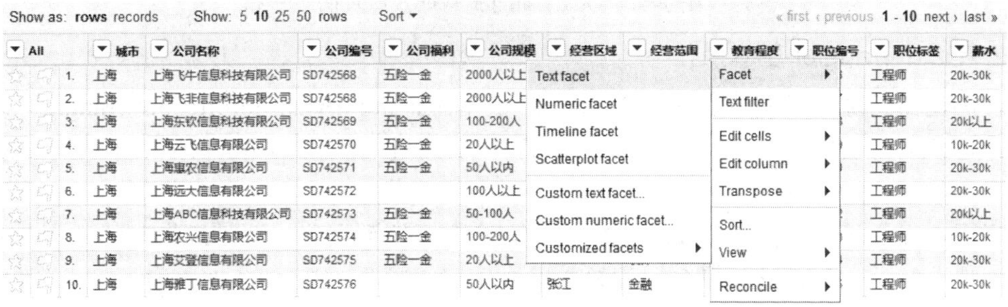

Show as: **rows** records　Show: 5 **10** 25 50 rows　Sort ▾　« first ‹ previous **1 - 10** next › last »

	All	城市	公司名称	公司编号	公司福利	公司规模	经营区域	经营范围	教育程度	职位编号	职位标签	薪水
1.		上海	上海飞牛信息科技有限公司	SD742568	五险一金	2000人以上					工程师	20k-30k
2.		上海	上海飞非信息科技有限公司	SD742568	五险一金	2000人以上					工程师	20k-30k
3.		上海	上海东软信息科技有限公司	SD742569	五险一金	100-200人					工程师	20k以上
4.		上海	上海云飞信息有限公司	SD742570	五险一金	20人以上					工程师	10k-20k
5.		上海	上海惠农信息有限公司	SD742571	五险一金	50人以内					工程师	20k-30k
6.		上海	上海远大信息有限公司	SD742572		100人以上					工程师	20k-30k
7.		上海	上海ABC信息科技有限公司	SD742573	五险一金	50-100人					工程师	20k以上
8.		上海	上海农兴信息有限公司	SD742574	五险一金	100-200人					工程师	10k-20k
9.		上海	上海艾登信息有限公司	SD742575	五险一金	20人以上					工程师	20k-30k
10.		上海	上海雅丁信息有限公司	SD742576		50人以内	张江	金融			工程师	20k-30k

Text facet
Numeric facet
Timeline facet
Scatterplot facet
Custom text facet...
Custom numeric facet...
Customized facets ▸

Facet ▸
Text filter
Edit cells ▸
Edit column ▸
Transpose ▸
Sort...
View ▸
Reconcile ▸

图 7-39　Facet/Filter 页

Google refine　testdata.xlsx　Open...　Export ▾　Help

Facet / Filter　Undo / Redo

Refresh　Reset All　Remove All

教育程度

3 choices Sort by: name count　Cluster

本科 6
大专 6
硕士 2
(blank) 5

Facet by choice counts

21 rows　Extensions: Freebase ▾

Show as: rows records　Show: 5 10 25 50 rows　Sort ▾　« first ‹ previous 1 - 10 next › last »

	All	城市	公司名称	公司编号	公司福利	公司规模	经营区域	经营范围	教育程度	职位编号	职位标签	薪水
1.		上海	上海飞牛信息科技有限公司	SD742568	五险一金	2000人以上	[陕西南路]	互联网	本科	A2056876	工程师	20k-30k
2.		上海	上海飞非信息科技有限公司	SD742568	五险一金	2000人以上	[陕西南路]	互联网	本科	A2056877	工程师	20k-30k
3.		上海	上海东软信息科技有限公司	SD742569	五险一金	100-200人		金融	大专	A2056878	工程师	20k以上
4.		上海	上海云飞信息有限公司	SD742570	五险一金	20人以上		数据服务	大专	A2056879	工程师	10k-20k
5.		上海	上海惠农信息有限公司	SD742571	五险一金	50人以内		软件	本科	A2056880	工程师	20k-30k
6.		上海	上海远大信息有限公司	SD742572		100人以上		金融	大专	A2056881	工程师	20k-30k
7.		上海	上海ABC信息科技有限公司	SD742573	五险一金	50-100人		互联网	本科	A2056882	工程师	20k以上
8.		上海	上海农兴信息有限公司	SD742574	五险一金	100-200人		互联网	硕士	A2056883	工程师	10k-20k
9.		上海	上海艾登信息有限公司	SD742575	五险一金	20人以上		软件	大专	A2056884	工程师	20k-30k
10.		上海	上海雅丁信息有限公司	SD742576		50人以内	张江	金融	大专	A2056885	工程师	20k-30k

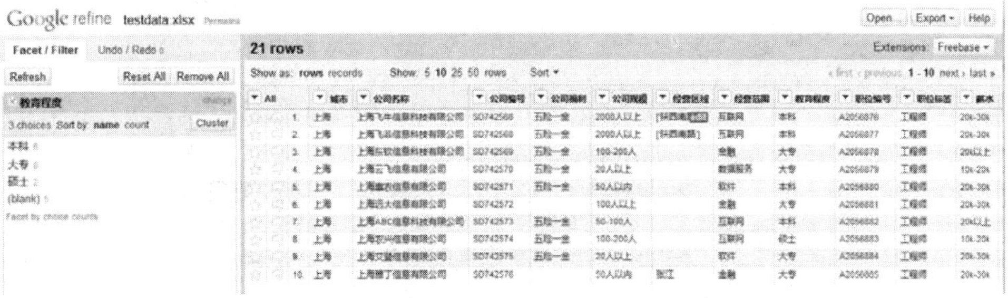

图 7-40　教育程度归类

7.4　使用 DataWrangler 进行数据清洗

1. DataWrangler 软件概述

DataWrangler(中文译名：牧马人)是一款由斯坦福大学开发的在线数据清洗、数据重组软件，如图 7-41 所示，主要用于去除无效数据，将数据整理成用户需要的格式等。使用

DataWrangler 能节约用户花在数据整理上的时间，从而使其有更多的精力用于数据分析。

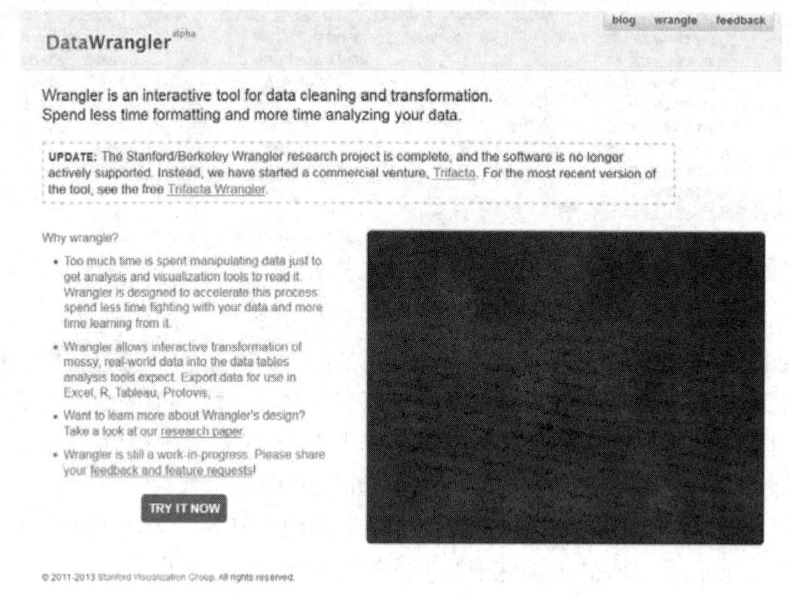

图 7-41 DdtaWangler 网址入口页面

2. DataWrangler 基本操作

在浏览器的地址栏中输入 DataWrangler 的地址：http://vis.stanford.edu/wranglr/，进入 DataWrangler 的主页面，单击“TRY IT NOW”按钮进入“DataWrangler”，获取输入数据的界面，如图 7-42 所示。

界面中提供了 Crime、Labor、Migration 三个示例数据集，要处理自己的数据，只要将需要清洗的数据集直接粘贴到数据输入区域即可。单击右上方的 Wrangle 按钮，即进入数据处理界面，开始数据的整理和修复，数据处理主界面如图 7-43 所示。

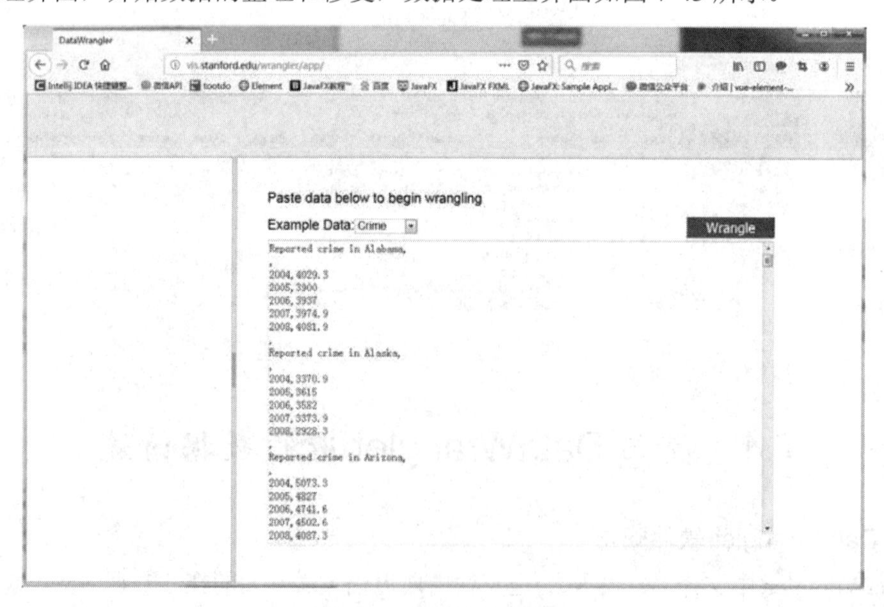

图 7-42 数据处理主界面

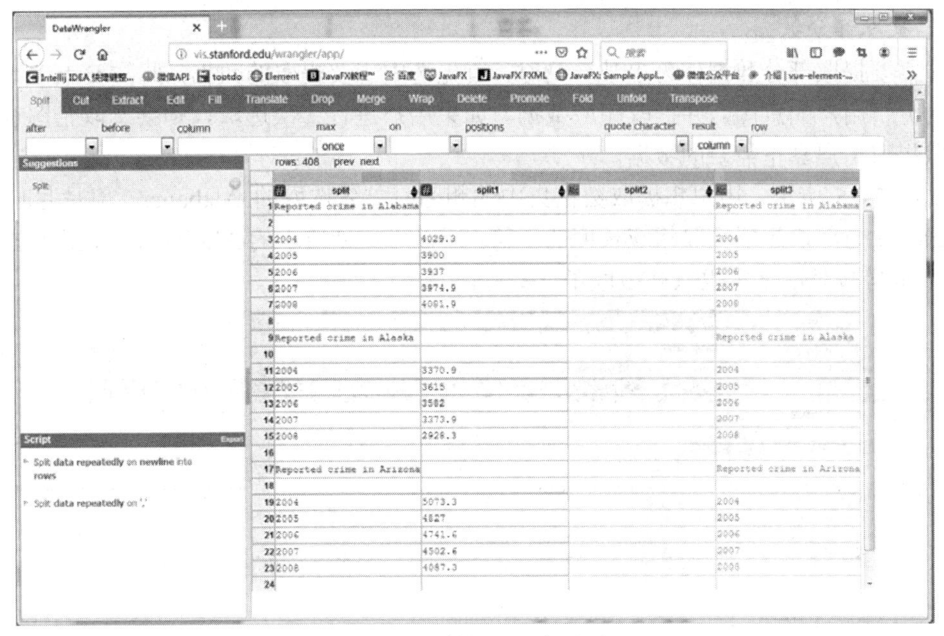

图 7-43　数据处理主界面

3. DataWrangler 数据清洗操作实例

1) 去除无效数据

单击无效数据的行号，这一行会变成红色高亮状态，可以按住 Ctrl 键选择多行数据，同时左侧的建议栏会给出一系列的修改建议。单击合适的进行修改建议后，该修改操作将被执行。图 7-44 所示为删除空行操作，单击选择的 Delete empty rows 选项后，所有空白行将被删除。

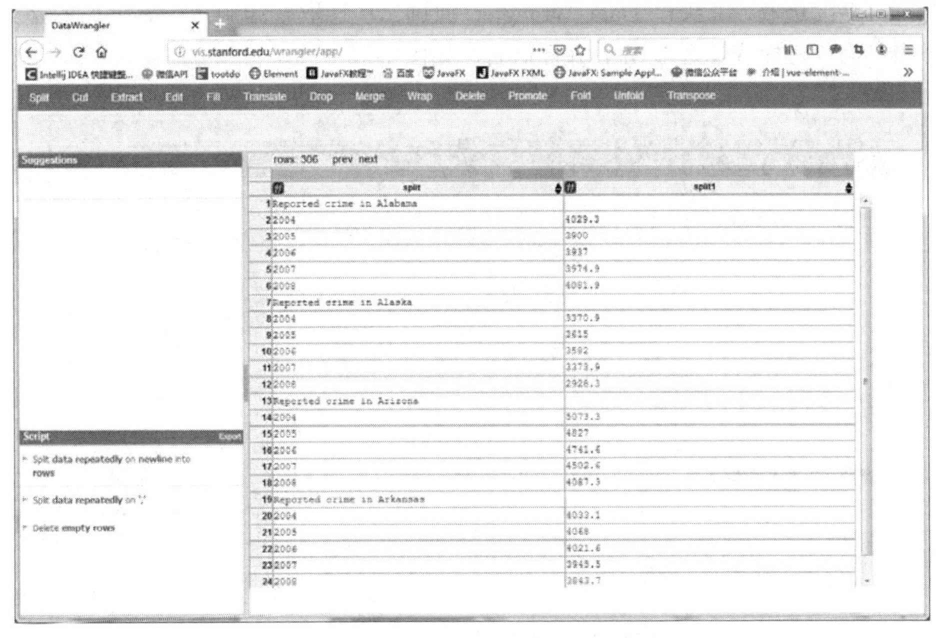

图 7-44　删除空行操作

2) 提取部分数据

在需要提取部分数据作为单独一列时，首先选中想要提取的数据，此时 Data Wrangler 会自动分析用户的意图，并提取相应数据。如果用户进行二次选取，则会选取企图进行修正，以提取用户真正需要的数据。

如图 7-45 所示，用户想提取数据集中的州名，首先选取的 Alabama，但是此时 Data Wrangler 认为用户想要提取相应长度的字符，所以没达到要求的 Alaska 并未被选取，同时 California 等较长的字符也只被截取了一部分。

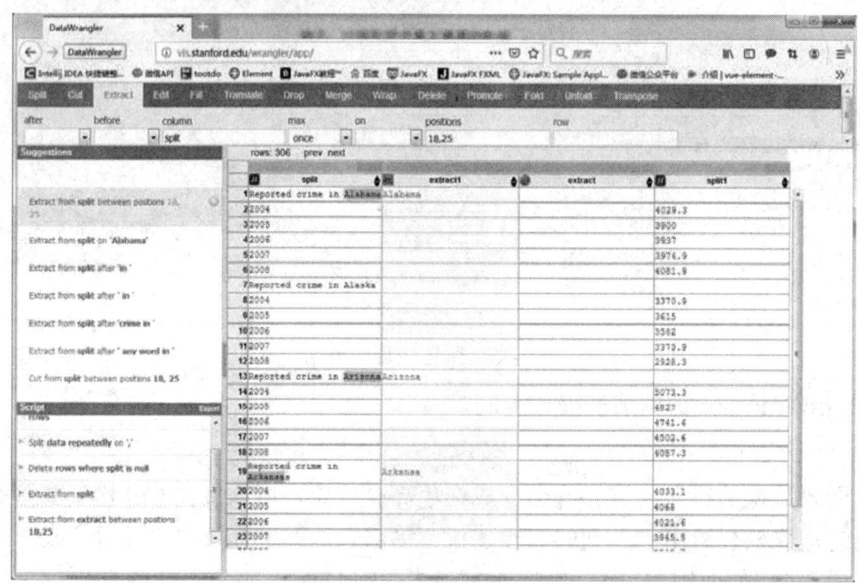

图 7-45 选择欲提取的数据

此时，继续选取 Alaska，Data Wrangler 通过二次选取获知用户想要提取的是这一位置的整个单词，进而成功选取出了所有州名，如图 7-46 所示。

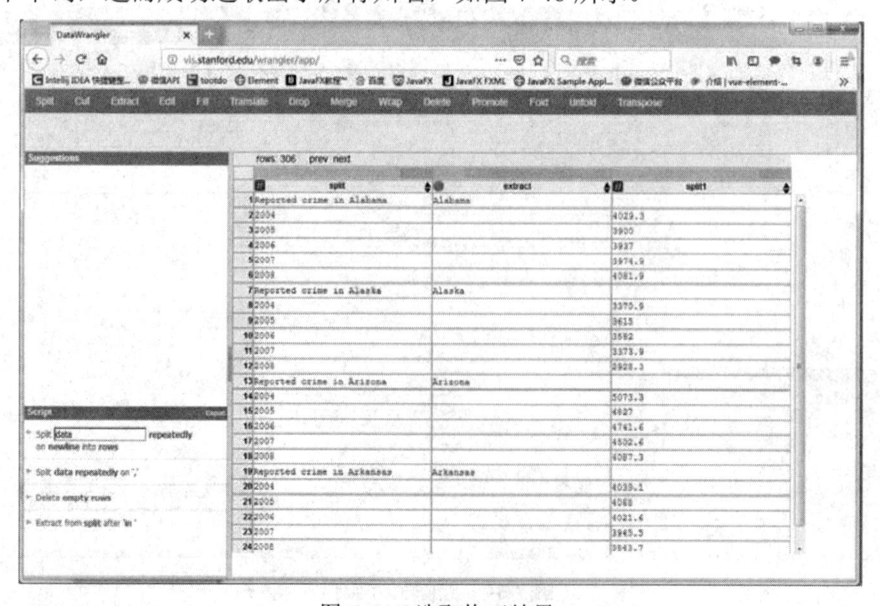

图 7-46 选取修正结果

选取了全部州名后，在左侧的建议栏中选择"Extract from split after 'in'"选项，即可完成州名的提取。

3) 自动填充数据

提取出州名后，需要将其填充到每一行数据中。此时只需单击州名数据列最上方的标题，左侧的建议栏中就会自动填充数据的建议选项，单击选择相应的建议，即可自动填充数据，如图 7-47 所示。

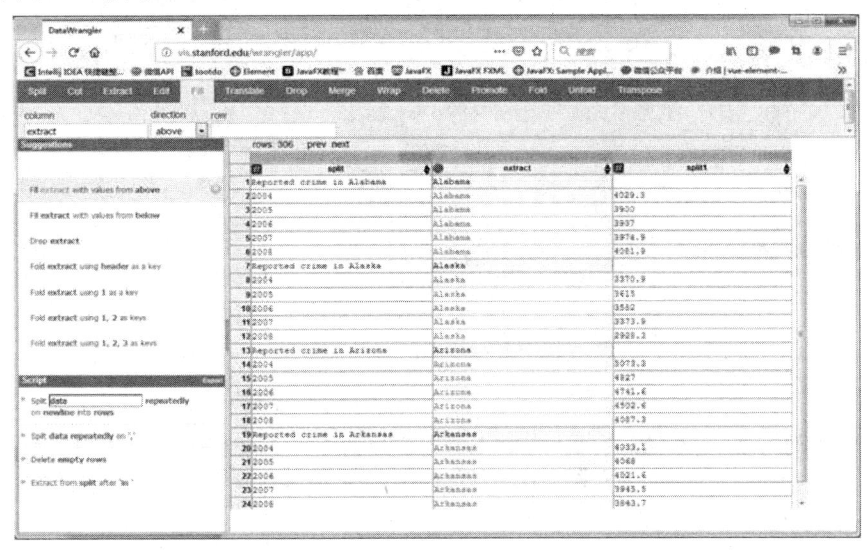

图 7-47　自动填充数据

4) 删除无用数据

数据自动填充后，需要删除遗留下来的一些无用的数据栏。单击想要删除的数据中的某一行，DataWrangler 会自动给出删除建议。同时，将被删的行会高亮显示如图 7-48 所示。

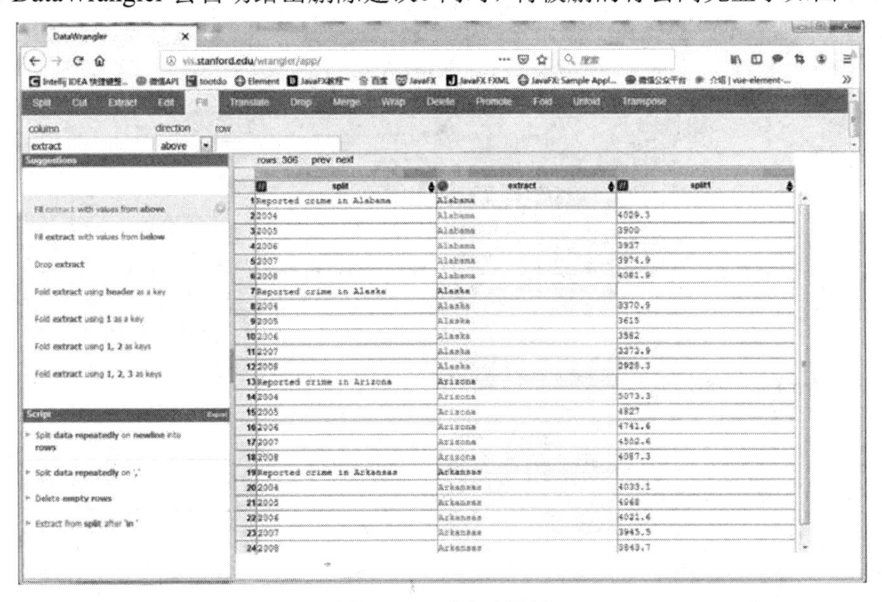

图 7-48　删除无用行

然后单击左侧删除建议，执行删除操作，结果如图 7-49 所示。

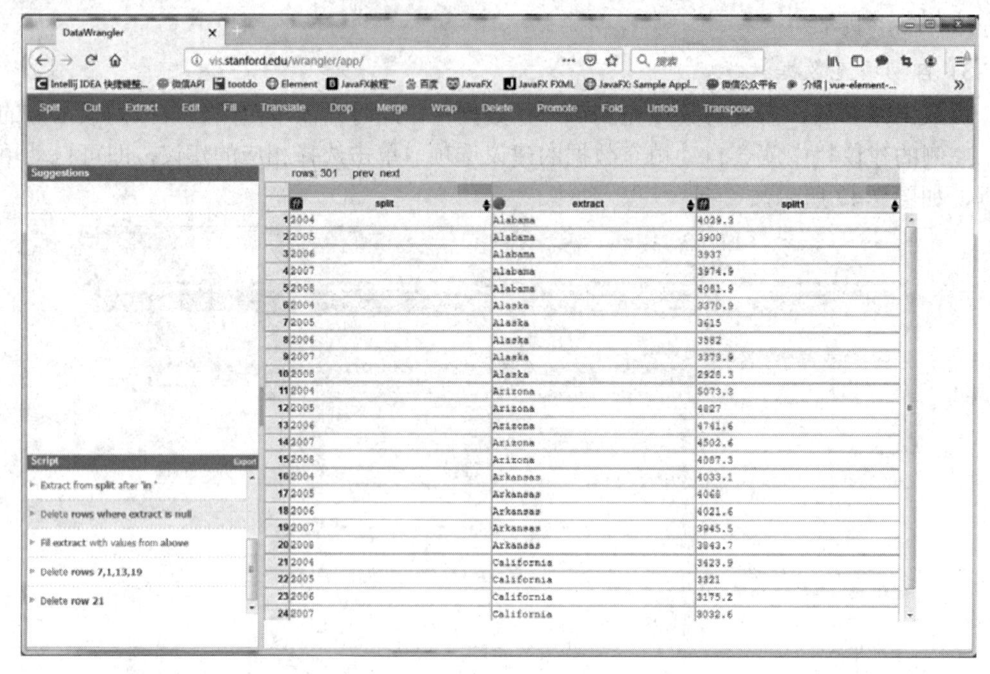

图 7-49 删除无用行后的结果

5) 数据重构

在某些情况下，可能需要将数据重新组合成需要的格式。单击图 7-50 中左侧文本后，DataWrangler 会给出多种数据重构建议。

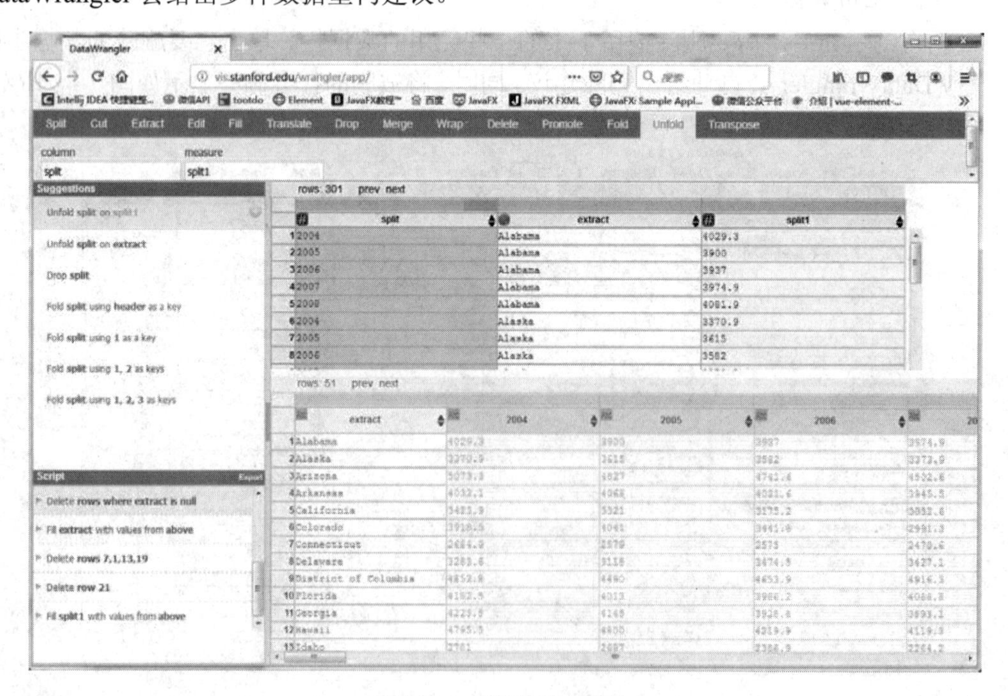

图 7-50 对数据进行重构

双击列名，可以对列名进行编辑，如将列名修改为 year 或 state 等有意义的文字。单击左侧的重构建议后，得到的数据结果如图 7-51 所示。

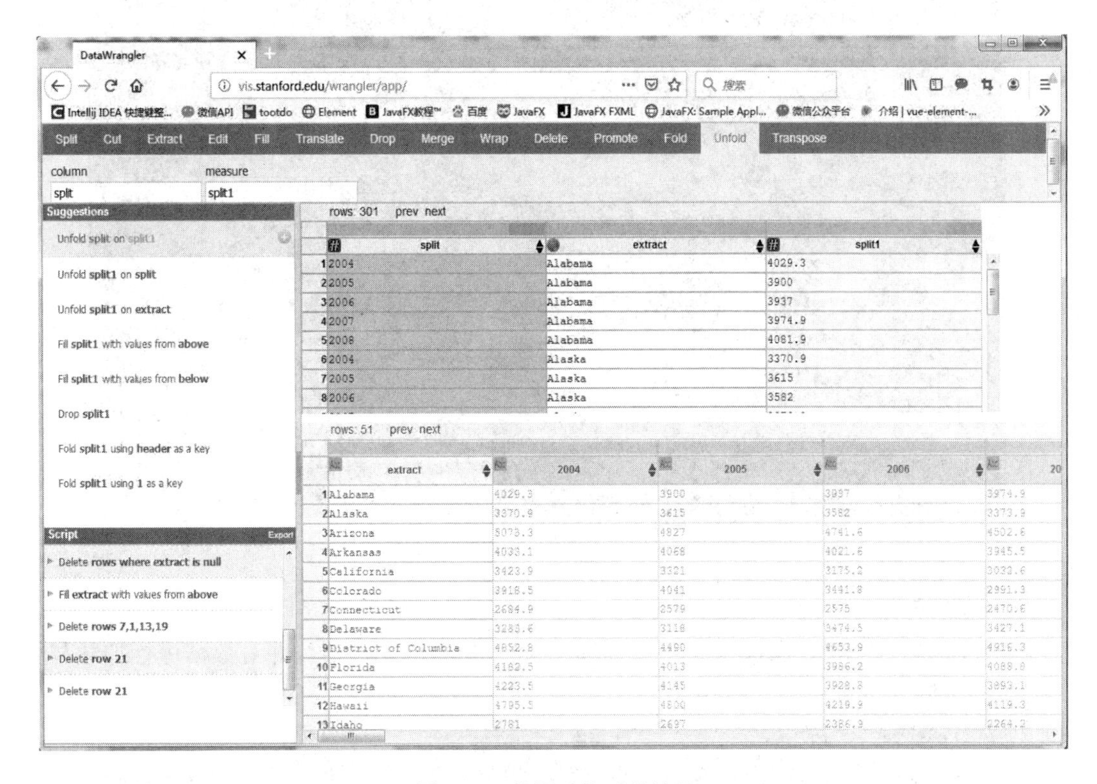

图 7-51　数据重构后的结果

进行数据重构后，得到不同的州的犯罪报告数在不同的年份的数据分布。

7.5　使用 Hawk 进行数据清洗

前面已对 Hawk 工具作过简单介绍。Hawk 的下载地址：https://github.com/ferventdesert/Hawk/releases。

1. 界面介绍

Hawk 的主界面如图 7-52 所示，采用类似 Visual Studio 和 Eclipse 的 Dock 风格，所有的组件都可以悬停和切换。核心组件主要有以下几部分。

(1) 左上角区域：主要工作区、模块列表、初始有网页采集器和数据清洗模块。

(2) 下方：调试信息和任务管理输出窗口，用于监控任务的完成进度。

(3) 右上方区域：属性配置器，对不同的模块设置属性。

(4) 右下方区域：系统状态视图，分算法视图和数据视图，显示当前已经加载的所有数据表和模块。

图 7-52 Hawk3 启动主界面

2. 数据管理

主界面中的数据源区域，能够添加来自不同数据源的连接器，并对数据进行加载和管理，如图 7-53 所示。

图 7-53 Hawk 数据任务加载界面

在数据源区域的空白处右击，可增加新的连接器。在连接器的数据表上双击可查看样例，右击，可以将数据加载到内存中。也可以选择加载虚拟数据集，此时系统会维护一个虚拟集合，当上层请求分页数据时，动态地访问数据库，从而有效提升性能。

3. 模块管理

系统默认提供两个模块：网页采集器和数据清洗。之前配置好的模块，可以保存为任务，双击可加载一个已有任务，如图 7-54 所示。

图 7-54　加载 Hawk 模块任务列表

4. 系统状态管理

在系统状态管理区中，可对加载数据集或模块进行查看和编辑。右击，既可以对数据集进行配置、复制、删除等；也可以将数据集拖曳到下方的图标上，如拖曳到回收站，即可删除该模块，如图 7-55 所示。

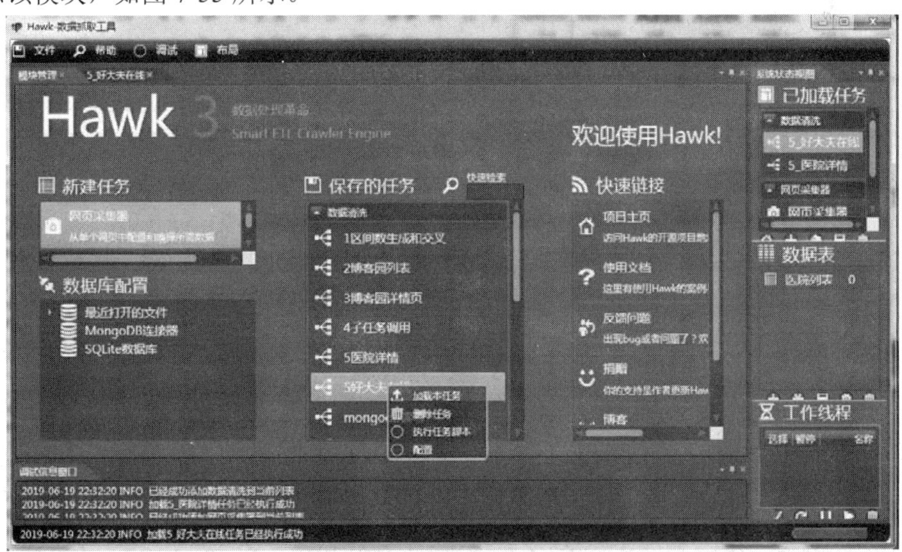

图 7-55　数据任务状态操作

双击数据集或模块，可查看模块的内容。将数据集拖曳到数据清洗(数据视图的下方第一个图标)，可直接对本数据集做数据清洗。

5. Hawk 的基本操作

1) 网页采集器

双击网页采集器图标，加载在“请键入 URL”地址栏中输入要采集的目标网址，并单击刷新网页。此时，下方将显示 HTML 文本。我们需要设置搜索关键字，设置步骤如图 7-56 所示。

图 7-56　网页采集器

如果发现有错误，可单击编辑集合，对属性进行删除、修改和排序。可按类似方法将所有要抓取的特征字段添加进去，或是直接单击手气不错，系统会根据目前的属性，推测其他属性并抓取数据。如图 7-57 所示。

图 7-57　抓取页面数据(单击手气不错按钮)

列表中的属性名称都是自动推断的，如果不满意，可以修改列表行首的属性名，在对应的列表中按 Enter 键提交修改，之后系统会自动将这些属性添加到属性列表中。工作过程中，可单击提取测试，随时查看采集器目前能够抓取的数据内容。这样，一个网页采集器即配置完成。在属性管理器上方，可以修改采集器的模块名称，方便数据清洗模块调用该采集器。

2) 数据清洗

Hawk 数据清洗模块包含有几十个子模块，功能十分强大，主要类型有生成、转换、过滤和执行。数据清洗模块的操作和设置非常方便，如在生成栏中选择“生成区间数”，将该模块拖拽到右侧上方的栏目中，如图 7-58 所示。

图 7-58 拖曳生成区间数

在右侧栏目中双击生成区间数，可弹出设置窗口，设置列名为“id”，最大值为“100”，生成模式默认为“Append”，如图 7-59 所示。

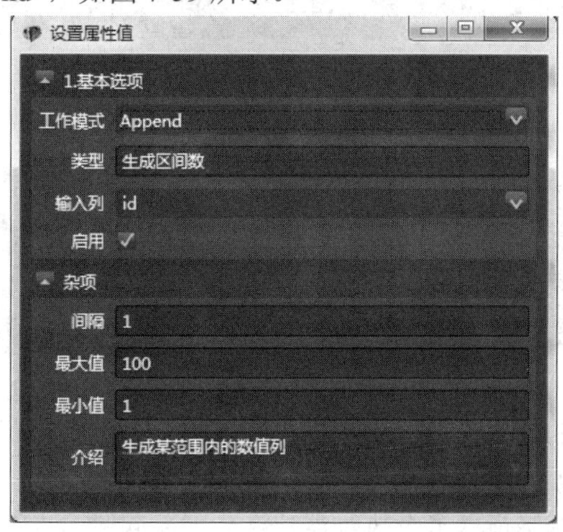

图 7-59 设置生成区间数属性

基于 Hawk 的这些功能与配置方式，读者可以选择根据数据清洗操作的需要选择响应的功能操作，这里不再详述。

3) 保存和导出数据

需要保存数据时，可以选择写入文件，或者是临时存储(本软件的数据管理器)以及数据库。因此可以将“执行”模块拖入清洗链的后端，拖曳数据表到任意一列，并填入新建表名(如链家二手房)，如图 7-60 所示。配置本次操作的所有子模块列表，如图 7-61 所示。

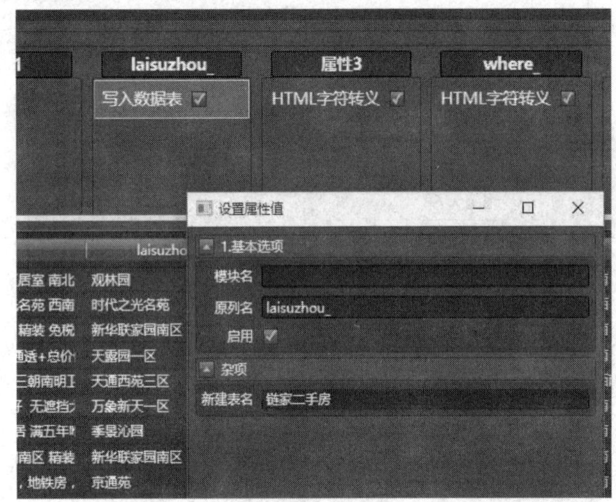

图 7-60 属性设置

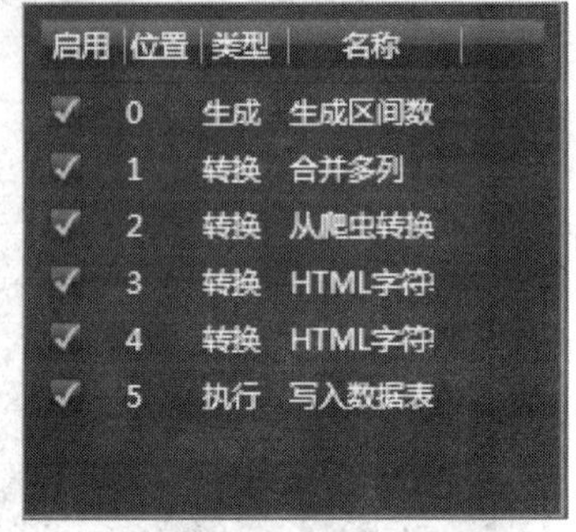

图 7-61 所有子模块

之后，即可对整个过程进行操作，工作模式选择串行模式或并行模式，如图 7-62 所示，并行模式使用线程池，可设定最多同时执行的线程数(最好不要超过 100)。推荐使用并行模式。

图 7-62 设置执行模式

点击“执行”按钮，即可在任务管理视图中采集数据，执行过程如图 7-63 所示。

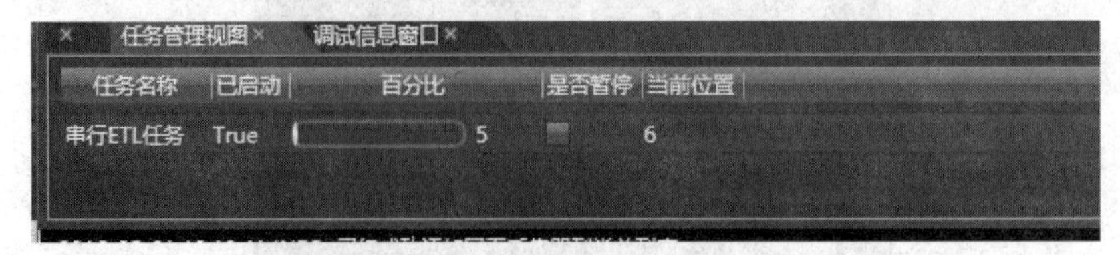

图 7-63 执行过程

之后，在数据管理的数据表链家二手房上点击右键，选择“另存为”，导出到 Excel、Json 等，即可将原始数据导出到外部文件中。类似地，可以在清洗流程中拖入执行器，保存中间过程；也可以在结尾拖入多个执行器，这样就能同时写入数据库或文件，从而获得了极大的灵活性。

4) 保存任务

在算法视图中的任意模块上点击右键，保存任务，即可在任务视图中保存新任务(任务名称与当前模块名字一致)，下次可直接加载即可。如果存在同名任务，则会对原有任务进行覆盖。在算法视图的空白处点击保存所有模块，则会批量保存所有的任务，操作过程如图 7-64 所示。

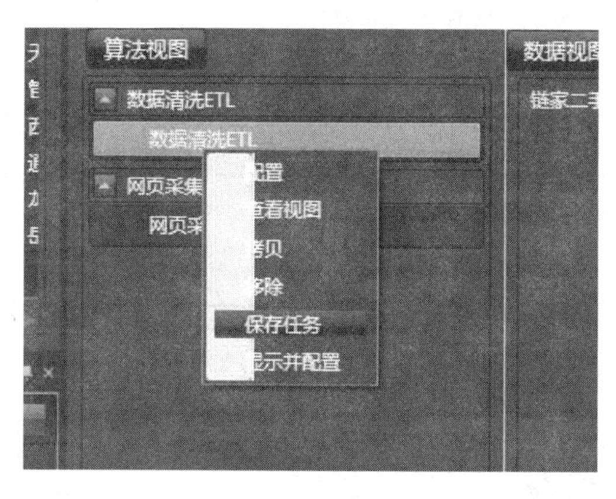

图 7-64 保存任务

你也可以将一批任务保存为一个工程文件(xml)，并在之后将其加载和分发。

6. Hawk 数据清洗实例

本节以重庆链家二手房信息为例，介绍利用 Hawk 进行网络爬虫抓取数据和数据清洗的详细步骤。运行 Hawk 软件，在模块列表中双击网页采集器图标，加载采集器，然后在最上方的地址栏中输入要采集的目标网址 https://cq.lianjia.com/ershoufang/，并单击刷新网页，如图 7-65 所示。

图 7-65 网页采集器

此时，源码视图框展示的是获取的HTML文本。原始网站页面如图7-66所示。

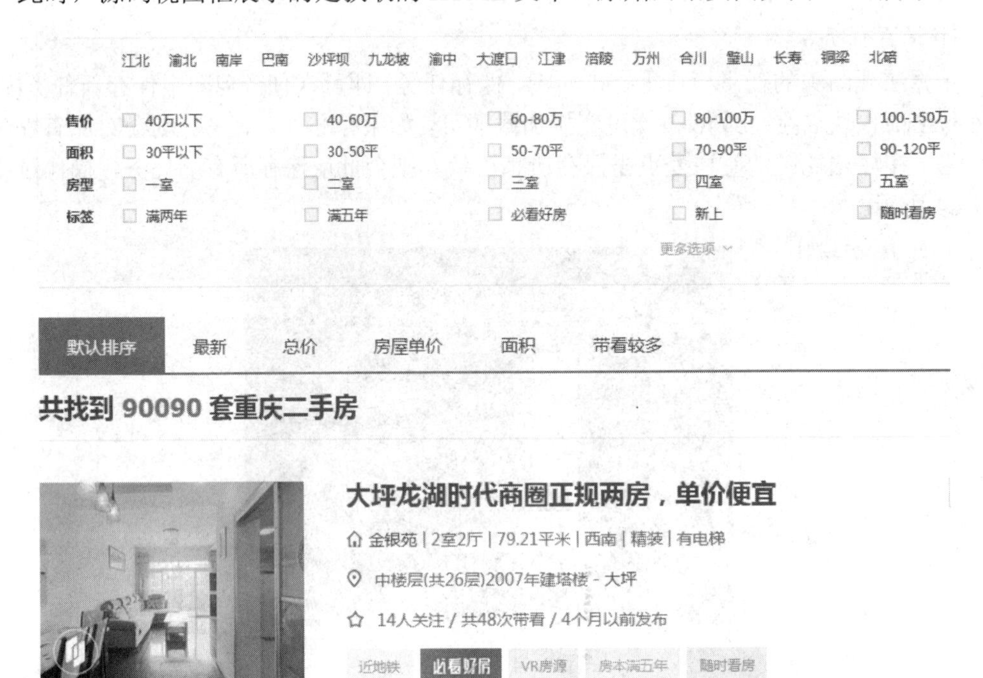

图7-66 原始网页信息

手工设定搜索关键字，以上述页面为例，检索90090条二手房数据(总价和单价，每次采集时都会有所不同)，以此通过DOM树的路径找出整个房源列表的根节点。由于要抓取列表，所以读取模式选择List。输入搜索字符90090，发现能够成功获取XPath，属性名称为“属性0”，单击“添加字段”按钮，即可添加一个属性。类似地，再输入1380，设置属性名称为“属性1”，即可添加另外一个属性，如图7-67所示。

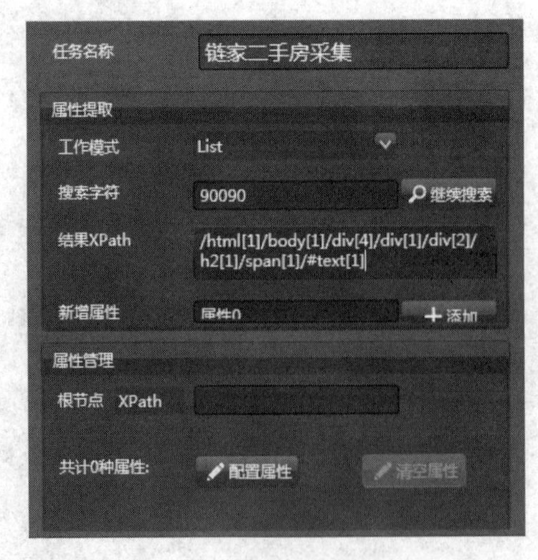

图7-67 设置搜索属性

将所有要抓取的特征字段添加进去，或是“直接单击手气不错”，系统会根据目前的属性推测其他属性，显示初步能抓取到的数据集，如图 7-68 所示。

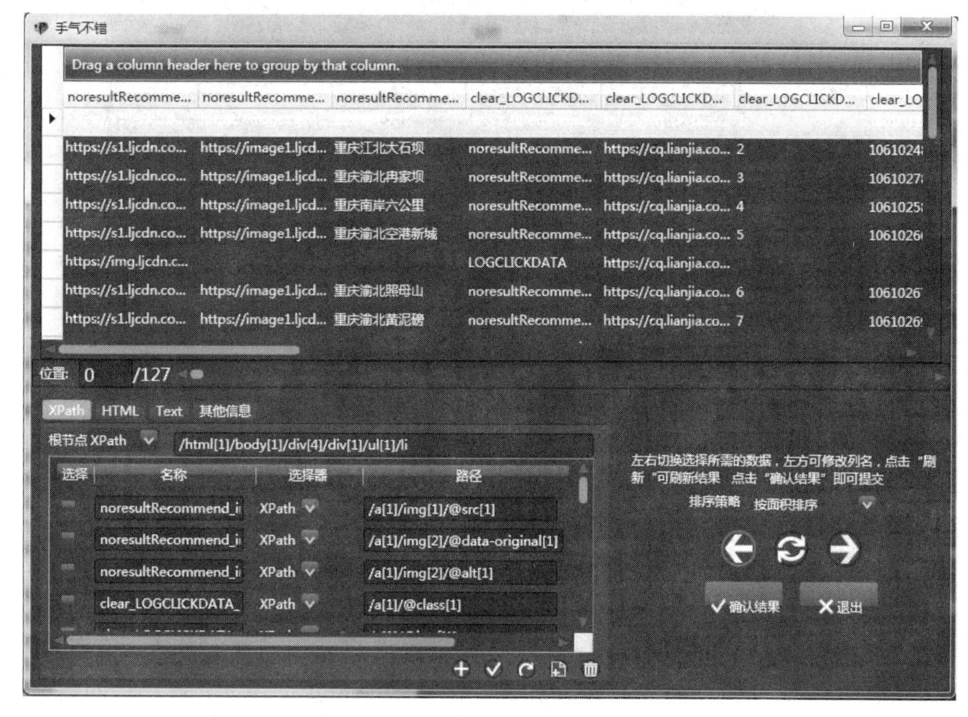

图 7-68　抓取的网页数据

此时显示的数据还不完整，只是显示了一页的信息，若要做进一步抓取设置，就需要使用数据清洗模块了。在模块列表中双击数据清洗模块，调出数据清洗设置界面，在数据清洗左侧的搜索栏中搜索“生成区间数”模块，用于设置抓取的网页范围，将该模块拖到右侧上方的栏目中，在右侧栏目中双击“生成区间数”，弹出设置窗口，设置列名为“id”，最大值为 20，生成模式默认为 Append，如图 7-69 所示。将数字转换为 url，搜索“合并多列”模块，拖曳到 id 列，将原先的数值列变换为一组 url，如图 7-70 所示。

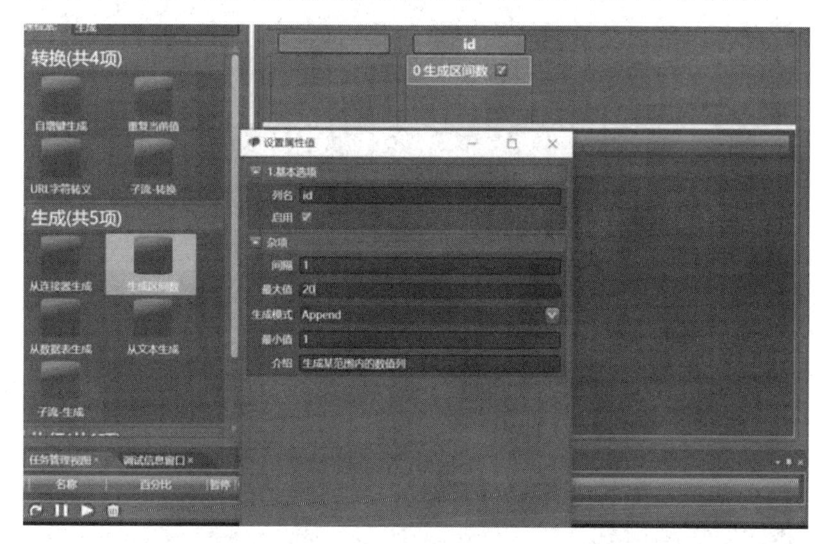

图 7-69　生成区间数设置

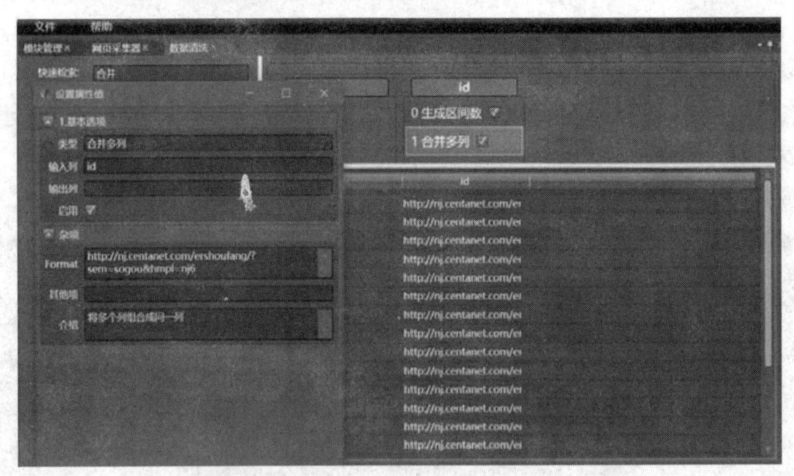

图 7-70　设置合并多列

拖曳“从爬虫转换”模块到当前的 url，双击该模块，将刚才的网页采集器的名称填入爬虫选择栏目中，系统会转换出爬取的前 20 条数据。

以上就是简单抓取过滤出来的数据，可以看到，数据中有出现重复、错误以及列名错误等情形，需要进行清洗操作。

对于那些错误或重复的数据可以通过“删除该列”模块来操作，将“删除该列”模块拖曳到错误或重复的数据列里就可将其删除，图 7-71 所示就是经过处理之后的数据。

如果要修改列名，可在最上方的列名上直接修改。单价列中包含数字和汉字，若想把数字单独提取出来，可以将“提取数字”模块拖曳到该列上，即可提取出所有数字。

<table>
<tr><th>名称</th><th>小区名称</th><th>房间大小</th><th>楼层</th><th>区域</th><th>单价</th></tr>
<tr><td>大坪龙湖时代商圈正...</td><td>金银苑</td><td>|2室2厅|79.21平米...</td><td>中楼层(共26层)2007...</td><td>大坪</td><td>单价13256元/平米</td></tr>
<tr><td>跃层2房2卫，格局好...</td><td>东方明珠</td><td>|2室2厅|47.67平米...</td><td>高楼层(共19层)2010...</td><td>大石坝</td><td>单价19300元/平米</td></tr>
<tr><td>双轻轨，轻轨5.6号...</td><td>安泰城市理想</td><td>|2室1厅|67.12平米...</td><td>高楼层(共34层)2016...</td><td>冉家坝</td><td>单价19220元/平米</td></tr>
<tr><td>山千院西苑带装修的...</td><td>山千院西苑</td><td>|3室2厅|124.55平...</td><td>高楼层(共9层)2012...</td><td>六公里</td><td>单价13248元/平米</td></tr>
<tr><td>空港清水三房，户型...</td><td>汇祥林里3000四期</td><td>|3室2厅|80.44平米...</td><td>高楼层(共30层)2018...</td><td>空港新城</td><td>单价13675元/平米</td></tr>
<tr><td></td><td></td><td></td><td></td><td></td><td></td></tr>
<tr><td>照母山 万科城三房...</td><td>万科城</td><td>|3室2厅|103.09平...</td><td>中楼层(共33层)2014...</td><td>照母山</td><td>单价15715元/平米</td></tr>
<tr><td>上品十六装修两房，...</td><td>上品拾陆</td><td>|2室2厅|88.32平米...</td><td>中楼层(共34层)2008...</td><td>黄泥磅</td><td>单价14040元/平米</td></tr>
<tr><td>两江新区，保利品质...</td><td>保利高尔夫豪园</td><td>|4室2厅|212平米|...</td><td>中楼层(共32层)2010...</td><td>汽博中心</td><td>单价12265元/平米</td></tr>
<tr><td>江北区金科十年城清...</td><td>金科十年城西区</td><td>|3室2厅|111.1平米...</td><td>中楼层(共32层)2011...</td><td>石马河</td><td>单价14582元/平米</td></tr>
<tr><td>茶园轻轨房+住家装...</td><td>同景国际城W组团</td><td>|2室1厅|41平米|...</td><td>高楼层(共18层)2014...</td><td>茶园新区</td><td>单价17074元/平米</td></tr>
<tr><td>云满庭B区 住家装修...</td><td>云满庭B区</td><td>|2室2厅|81.52平米...</td><td>中楼层(共31层)2006...</td><td>南坪</td><td>单价13249元/平米</td></tr>
<tr><td>大龙山轻轨旁+住家...</td><td>温馨家园</td><td>|3室2厅|116平米|...</td><td>高楼层(共26层)2003...</td><td>花园新村</td><td>单价11035元/平米</td></tr>
<tr><td>双轻轨站旁 保利品...</td><td>保利香槟花园A区</td><td>|2室2厅|77.75平米...</td><td>中楼层(共11层)2007...</td><td>龙头寺</td><td>单价15242元/平米</td></tr>
<tr><td>南滨路上恒基翔龙江...</td><td>恒基翔龙江畔</td><td>|3室2厅|94.34平米...</td><td>低楼层(共33层)2013...</td><td>丹龙路</td><td>单价13992元/平米</td></tr>
<tr><td>绿洲龙城 四公里商...</td><td>绿洲龙城</td><td>|3室2厅|94.81平米...</td><td>高楼层(共19层)2004...</td><td>四公里</td><td>单价12025元/平米</td></tr>
<tr><td>中庭带车位 带15平...</td><td>龙湖江与城熙溪地</td><td>|4室2厅|154.03平...</td><td>中楼层(共8层)2012...</td><td>大竹林</td><td>单价20126元/平米</td></tr>
<tr><td>空港新城 金茂国际...</td><td>金茂国际生态新城</td><td>|3室2厅|78.22平米...</td><td>高楼层(共37层)塔楼 -</td><td>中央公园</td><td>单价15981元/平米</td></tr>
<tr><td>满两年，精装修三房...</td><td>叠彩城</td><td>|3室2厅|93平米|...</td><td>低楼层(共34层)2007...</td><td>汽博中心</td><td>单价16667元/平米</td></tr>
<tr><td>首地江山赋 清水小...</td><td>首地江山赋</td><td>|2室2厅|78.09平米...</td><td>高楼层(共33层)2017...</td><td>悦来</td><td>单价12806元/平米</td></tr>
<tr><td>恒大精装三房，未住...</td><td>恒大山水城</td><td>|3室2厅|91平米|...</td><td>高楼层(共32层)2017...</td><td>照母山</td><td>单价15275元/平米</td></tr>
<tr><td>恒大城二期装修3房...</td><td>恒大城二期</td><td>|3室2厅|109.77平...</td><td>高楼层(共32层)2010...</td><td>李家沱</td><td>单价11843元/平米</td></tr>
<tr><td>鲁能城二期 清水三...</td><td>鲁能城中央公馆二期</td><td>|3室1厅|85.54平米...</td><td>高楼层(共25层)2017...</td><td>中央公园</td><td>单价15783元/平米</td></tr>
<tr><td>奥园五期精装大三房...</td><td>奥林匹克花园红城</td><td>|3室2厅|130平米|...</td><td>中楼层(共33层)2009...</td><td>汽博中心</td><td>单价12770元/平米</td></tr>
<tr><td>渝北人和华夏城 中...</td><td>华夏城三区</td><td>|3室1厅|109.42平...</td><td>高楼层(共32层)2012...</td><td>人和</td><td>单价10054元/平米</td></tr>
<tr><td>龙湖源著北区三居室...</td><td>龙湖源著北区</td><td>|3室2厅|119平米|...</td><td>高楼层(共33层)2011...</td><td>石子山</td><td>单价16807元/平米</td></tr>
</table>

图 7-71　提取数字操作

本章小结

本章从最基本的清洗工具 Microsoft Excel 入手，介绍了 Kelltle 数据清洗工具、OpenRefine 数据清洗工具、DataWrangler 数据清洗工具以及 Hawk 数据清洗工具的工作原理使用方法、操作步骤等以期从这些工具中选择适合读者的工具。

第八章　基于 Web 的数据采集实战

近年来网络招聘一直呈现上升趋势，其原因在于网络招聘的成本比较低，受众面广、信息发布灵活等。同时，通过网络平台，被招聘者和招聘者之间能在第一时间进行有效沟通，从而节省了大量的时间成本。网络招聘已经成为各个行业招揽人才的主流途径之一。在智联招聘、前程无忧等知名招聘网站中，每天都会发布大量的各个行业的企业招聘信息，这些数据本身具备很大的潜在挖掘价值。

作者的任务是从这些招聘数据入手，通过选定某一行业，并对招聘信息进行大量的数据采集与分析，构建一个该行业的招聘信息薪资待遇水平评估分类模型。基于本书主要以数据清洗处理的主题，本章主要完成招聘信息的数据采集与预处理工作。

8.1　招聘信息采集

1. 爬取信息的分析与实现

我们以职业类别(软件/互联网/系统集成)、行业类别(不限)、工作地点(深圳)为选定的搜索条件，呈现如图 8-1 和图 8-2 所示的数据信息。

职位名	公司名	工作地点	薪资	发布时间
CT MRI 维修 (高薪急聘 二选一)	深圳瑞明科技有限公司	深圳	2-2.5万/月	04-05
node.js +React 全栈工程师	深圳市魔云科技有限公司	深圳-南山区	1.5-2万/月	04-05
Java开发工程师	深圳市爱赛德科技有限公司	深圳-龙岗区	1-1.5万/月	04-05
cocos creator 高级工程师	广州能清科技有限公司	异地招聘	2-4万/月	04-05
资深MFC软件工程师	万得信息技术股份有限公司（Wind资...	深圳-福田区	20-30万/年	04-05
1121BG-资深开发工程师（深圳）	平安科技（深圳）有限公司	深圳-南山区	30-40万/年	04-05
C#开发工程师	深圳市拓远能源科技有限公司	深圳	0.8-1.1万/月	04-05
QT开发工程师	深圳市元基科技开发有限公司	深圳-宝安区	1.5-2万/月	04-05
餐饮软件技术工程师	深圳有好软件有限公司	深圳-福田区	6-8千/月	04-05
UE设计师	深圳市界希科技有限公司	深圳-南山区	1.5-2万/月	04-05
数据分析工程师	深圳市德科信息技术有限公司	深圳	1-1.4万/月	04-05

图 8-1　数据信息

java中高级开发工程师 (职位编号：02)　1.5-2万/月　收藏　竞争力分析
深圳市智慧盾科技有限公司　查看所有职位
深圳-罗湖区 | 无工作经验 | 大专 | 招2人 | 04-05发布
五险一金 员工旅游 带薪年假 年终奖金
申请职位

职位信息
1.大专以上学历（学信网可查）
2.会分布式
3.有珠宝、商城、电商行业背景
4.1年以上微服务框架、springcloud、springboot相关经验
5.有高并发经验
6.有意向可发简历至邮箱：xiaoxuan@hfepay.com

职能类别：高级软件工程师　软件工程师
关键字：　分布式　微服务　珠宝　商城　springboot　springcloud　mybatis　redis　微信分享

公司信息
深圳市智慧盾科技有限公司
民营公司
50-150人
计算机软件 计算机服务(系统、数...
查看所有职位
相似职位　查看更多>

图 8-2　数据信息

通过观察和分析，可以看到在招聘列表页会获取到该招聘信息详情页的链接，点击链接进入详情页后会得到该招聘条目的所有相关信息。在数据爬取阶段，将所有招聘条目相关的有用的信息给予采集，组成需要的源数据集。数据采集的环境和工具如表 8-1 所示。

表 8-1　数据采集的环境和工具

工具语言	Python3.6.4
爬虫框架	Scrapy
运行平台	Win7(64 位专业版)

在设计爬虫的过程中，最繁琐的一个步骤就是在网页中分析元素节点，采集相关信息。该过程需要清晰地解读 html 的文件结构，能在复杂的 dom 结构中准确地定位所需 dom 节点的位置以及所需的数据内容。scrapy 框架中的元素选择器 Xpath 功能可以较为方便地实现如上所述的功能。

XPath 是一种用来确定 XML 结构文档信息的路径语言。本次爬取 Web 数据的过程中，xpath 将读取 html 树状结构的信息，根据节点信息结构的不同主要分为三类：元素节点、属性节点和文本节点，XPath 根据指定好的路径信息在 html 的 DOM 结构中寻找相对应的节点。这样，通过路径定位到需要的页面节点，通过此方式来获取节点有用的信息，再对信息进行整理即可获得所需的源数据。通过审查页面源码，可以看到页面整体的 dom 结构信息。根据图中展示的信息，需要获取的有用信息有单条招聘详情页的具体链接、招聘条目名和详情页的相关数据。根据 Xpath 语法，采集属性所对应的 Xpath 语句如表 8-2 所示。

表 8-2 采集属性所对应的 Xpath 语句

招聘条目名	//div[@class="top-fixed-box"]/div/div/h1/text( )
招聘条目详情链接	//td[@class="zwmc"]/div/a/@href
工作性质	//div[@class="terminalpage-left"]/ul/li[4]/strong/text( )
工作经验	//div[@class="terminalpage-left"]/ul/li[5]/strong/text( )
最低学历	//div[@class="terminalpage-left"]/ul/li[6]/strong/text( )
招聘人数	//div[@class="terminalpage-left"]/ul/li[7]/strong/text( )
招聘职位	//div[@class="terminalpage-left"]/ul/li[8]/strong/a/text( )
公司规模	//div[@class="terminalpage-right"]/div/ul/li[1]/strong/text( )
公司行业	//div[@class="terminalpage-right"]/div/ul/li[3]/strong/a/text( )
公司性质	//div[@class="terminalpage-right"]/div/ul/li[1]/strong/text( )

分析完所需的数据信息及如何解析节点信息后开始编写 soapy 爬虫项目的 spider 模块。在自定义的/spiders/zhaopin.py 文件中完成爬虫解析的关键步骤。由于自定义的 zhaopin 类继承至 soapy 的 Spider 类，因此该类中将定义爬取得初始动作以及后续是否跟进爬虫的逻辑判断。具体步骤如下：

(1) 选取爬取的初始页面，在 zhaopin 类的 start urls 属性中填入该初始页面的 url 值。

(2) 确定后续自动爬取的页数(经过测试该搜索信息有 91 页)，在_init 方法中将后续爬取的页数添加至实例中。经过测试发现，翻页后 url 路径仅改变参数 P 的数值，在后续循环爬虫的过程中，通过判断实例当前页码在修改 P 的数值即可实现翻页后的数据爬取操作。

(3) parse 方法中将获取指定 url 请求返回的数据，在这个方法中将实现解析详情页连接，并在存在有效链接的基础上继续请求详情页数据，在该请求中会指定 callback，指定其返回数据的回调函数 fetch data，用于处理返回数据的解析操作。

(4) 在 fetch data 中已获取到详情页的返回数据、路径，并在返回值 response 中提取所需的数据信息。将表 8-2 中所示的 Xpath 经过简单处理后，将其绑定至定义的 Item 类属性中，再返回给 pipelines 组件进行下一步的流程处理。

(5) 当获取完所有页面以及页面中所有详情链接中的内容信息后，则表示完成了 spider 组件的工作流程。后续可将 pipelines 模块进行数据格式重组，以及写入数据库的操作。

2. 数据格式的设计与存储

通过 spider 模块，将请求的数据返回给 pipelines 模块。在该模块中，会进行数据的整合，以及连接数据库、转存等操作。根据上一节对请求数据的处理，单条请求的数据信息会存入 Items 自定义的属性中。本节将根据这些属性的信息，组织待存入数据库的数据基本结构。下面展示的是 Json 数据的结构：

```
{
  "min_ edu":"String", #最低学历
  "person" : " String" , #招聘人数
  "pOSltlOn":"Strlng", #招聘职位
  "com_ scale":"String", #公司规模
```

```
  "experience":"String", #工作经验
  "name" :"String", #招聘条目名
  "COm   trade":"String", #公司规模
  "COm-prOpertyn : String, #公司性质
  "property" : "String", #职位性质
  "pay": "String", #职位月
}
```

确定完数据结构后，进行连接数据库操作。在模块中引入 pymongo 库，通过该库连接 mongodb 数据库，进行转存操作。pymongo 是基于 python 开发的 mongodbdrive:驱动。可以通过简单的代码对远程数据库进行新增数据库，转存数据文档的操作。具体流程如下：

(1) 引入 pymong 库和全局配置如下：

```
Import pymongo
From scapy.conf   import settings
```

(2) 在全局 setting. py 中，配置好数据库连接所需的具体参数，如数据库 ip 地址及端口、数据库账号密码，以及数据库名和待操作的集合名(COLLECTION)，如下所述：

```
#setting.py
MONGO HOST = "数据库 IP 地址"
MONGO PORT = "27017"
MONGO DB = "数据库名"
MONGO LOLL = "数据库集合名"
MONGO USER = "数据库登录账号"
MONGO PSW = "数据库登录密码"
```

(3) 在 pipelines 的 process_ item 方法中，进行数据库操作，将格式化后的数据存入 mongodb 指定数据集中。对应代码如下：

```
#pipelines.py
class RecruitPipeline(object):
  def   __init__(self):
  #连接数据库
  self. Client = pymongo.MongoClient(host = settings["MONGO_HOST" port = settings["MONGO_ORT"])
  #验证登录账号密码
  self. client. admin. authenticate(settings["MINGOes USER"], settings ["MONGO_PSW"])
  self. db=self.client[ settings["MONGO_DB”」」
  self. coll=self.db[ settings["MONGO_ COLL"]]
  def   process_ item (self, item, spider):
  #格式化获取的 item 数据
  #存入数据库
  self. coll.insert(data)
  return item
```

至此，整个爬虫项目的设置已全部完成。可以通过 soapy 的运行指令进行数据采集操作。运行如下：

```
soapy crawl recruit
```

本次数据采集共耗时 5 小时 58 分钟，共采集了 5330 条数据集。部分数据截图 mongodb 数据库存储的数据(部分)如图 8-3 所示。

min_edu	Com_	Person	Positi	Com_scale	Experience	Name	Com_trad	Com_	Pay
大专	私营	2人	java开发	500-1000	不限	软件工程师	互联网	全职	4001-8000
本科	事业	3人	php前端	50-100	3-5年	php前端	计算机软件	全职	5001-8000
大专	私营	4人	数据库开发	20-50	2年以上	数据库开发	互联网	全职	4001-1000
本科	私营	5人	运维	50-100	2年	运维	互联网	全职	4001-6000
硕士	事业	6人	java开发	20-100	1年	java开发	计算机软件	全职	4001-8004
大专	私营	2人	php前端	50-100	不限	php前端	互联网	全职	4001-8000
本科	私营	3人	数据库开发	20-50	3年	数据库开发	互联网	全职	5001-8000
大专	事业	4人	运维	500-1000	2年以上	运维	计算机软件	全职	4001-1000
本科	私营	2人	java开发	500-1000	2年	java开发	互联网	全职	4001-6000
硕士	私营	6人	php前端	50-100	1年	php前端	互联网	全职	4001-8004
大专	事业	2人	数据库开发	20-50	不限	数据库开发	计算机软件	全职	4001-8000
本科	私营	3人	运维	50-100	3年	运维	互联网	全职	5001-8000
大专	私营	4人	java开发	20-100	2年以上	java开发	互联网	全职	4001-1000
本科	股份所	5人	php前端	500-1000	2年	php前端	计算机软件	全职	4001-6000
硕士	私营	6人	数据库开发	50-100	1年	数据库开发	互联网	全职	4001-8004
大专	私营	2人	运维	20-50	不限	运维	互联网	全职	4001-8000
本科	事业	3人	java开发	50-100	3年	java开发	计算机软件	全职	5001-8000
大专	私营	4人	php前端	20-100	2年以上	php前端	互联网	全职	4001-1000
本科	私营	1人	数据库开发	500-1000	2年	数据库开发	互联网	全职	4001-6000
硕士	事业	6人	运维	50-100	1年	运维	计算机软件	全职	4001-8004
大专	私营	2人	java开发	20-50	不限	java开发	互联网	全职	4001-8000
本科	私营	3人	php前端	50-100	3年	php前端	互联网	全职	5001-8000
大专	事业	4人	数据库开发	20-100	2年以上	数据库开发	计算机软件	全职	4001-1000
本科	私营	5人	运维	500-1000	2年	运维	互联网	全职	4001-6000
硕士	私营	6人	java开发	50-100	1年	java开发	互联网	全职	4001-8004

图 8-3　mongodb 数据库存储部分数据

8.2　招聘信息数据预处理

1. 数据清洗的实现

在本节中，我们分四个阶段对上节采集到的数据进行清洗，分别是数据的正确性检测、离群点检测、遗漏值检测以及重复数据检测阶段。利用这几个阶段来纠正采集到的错误数据。在清洗数据的过程中，将结合 python 的两个常用工具库 pandas 和 numpy，并利用其封装的数据分析方法和计算能力对数据进行清洗。

1) 数据正确性检测阶段

该阶段主要是检测采集数据的正确性，即单条数据属性是否为初始设计中的 10 项属性(由于 mongodb 数据库在数据导入的过程中会自动新增唯一标识 objectid 列，因此在数据正确性检测中未将其算入总和)。对于数据正确性的检测，具体操作流程如下所示：

(1) 操作 mongodb 导出所有的数据，导出格式为 csv。该步骤可以通过 mongo shell 的命令行语句：mongoexport -h[数据库地址]-port[数据库账号]-password[数据库密码]-db[数据库名]-collection27017 –username[数据集名]-typecsv -o data.csv 来实现。

(2) 通过 pandas 的 read_ csv 方法载入数据集，并赋予变量 data，以便后续分析。

(3) 判断数据采集的正确性，主要包含以下几个方面：

① 数据总数校验(数据行数校验)。

```
print(data. count())
```

#控制台输出结果：

```
RangeIndex(start=0,     stop=5330,     step=1)
```

显示结果为数据采集了 5330 条，与预计采集总数相同。校验成功。

② 数据列数校验。

```
print(data. colums)
```

#控制台输出结果：

```
Index(['Unnamed: 0
'min_edu',
Com_property,
Person,
Position,
Com_scale,
Experience,
Name,
Com_trade',
Com_property,
Pay,
dtype='obj ect')
```

可以看出，采集的数据属性共有 10 项，符合原定采集的设想，因此校验成功。通过检测发现，若采集数据符合流程设计时的需求，则为正确数据集。

2) 离群点检测阶段

离群点检测的目的是排除偏离中心数据相对远的少数离群数据。去除该数据有利于提高建模数据的稳定性。本次数据分析的核心点在于对招聘信息的薪资情况进行分析，因而在检测离群数据时，选取检测不同职位下薪资情况的分布，并对该体系下的离群点进行适当的处理。具体流程如下：

(1) 获取所有的职位类别。根据 data['position']. describe()可以查看该列的数据分布情况。数据集中共有 33 种职位，由于每一种职位的分析过程相似，本文将只抽取频数最高的软件工程师职位数据进行详述。

(2) 获取职位为软件工程师的所有招聘数据，使用 pandas 数据结构 DataFrame 的 value counts 方法可以统计出该职位的薪资分布数据。根据汇总结果得出，在这 1054 条招聘信息中，薪资总计有 89 种，其中频数仅为 1 的有 30 种共 30 条信息，在该类招聘信息集中占比约为 0.09%，为最小占比。此类数据具有较明显的单例性，无法反应数据集的普遍分布规律，因此认为存在明显的离群特性，将给予删除处理。因此最后将留下 1054 条数据，共有 59 种薪资分布情况。

对所有职位的薪资分布情况按步骤(2)的方式进行检测排除，将数据占比低于0.1%的数据去除，完成离群点的检测和处理。

3) 遗漏值检测阶段

该阶段对数据的遗漏情况进行检测，主要是判断是否存在空数据或者存在无法识别的数据。通过 data.isnull( ).any( )进行初步检测。检测结果如下：

```
min eduFalse
person          False
position        False
com scale       False
experience      False
name            False
com trade       False
com-property    False
property        False
pay             False
```

从上面的检测结果可以看出不存在空数据。

4) 重复数据检测阶段

重复数据会影响最终生成的模型分析结果，应该在数据清理阶段进行排除。利用 pandas 的 duplicated 方法能够检测数据中是否存在重复项，遍历生成的检测结果，当值为 True 时在控制台输出提示。操作如下：

```
dupdata=data. duplicated()
count=0;
for item in dupdata:
    if(item):
            count+=1
print('total dup count:'，count)
#结果为 total dup count: 18
```

出现该结果的原因在于，在数据爬取的过程中出现了重复请求数据的操作。因此在该阶段，对重复数据进行删除，得到唯一数据集。采集的数据中共存在 10 个属性列。通过观察，发现招聘职业和招聘条目名存在着重复描述，同时招聘条目名不存在分类特性，该属性值无法有效地对数据进行分类处理。因此，可去除招聘条目列信息。

2. 数据变换

在采集的数据集信息中可以看到，数据值的显示呈现多样化，这对后续建模的处理造成了一定的难度。本节主要对数据属性值进行相应的变换，以方便实现后续建模。据前文所述，数据属性为 10 个，接下来会对如下属性进行分析和合适的变换操作。

1) 最低学历(min_ edu)

获取所有学历的信息，最低学历与频数的关系如表 8-3 所示。

表 8-3　最低学历与频数关系表

最低学历	频数
不限	589
高中	10
中专	102
中技	22
大专	2103
本科	2438
硕士	63
博士	3

对所有数据进行整合后归类为如下四类数值属性，如表 8-4 所示。

表 8-4　原分类与数值计数表

原分类	映射数值属性	计数
不限＋高中＋中专＋中技	0	723
大专	1	2103
本科	2	2438
硕士＋博士	3	67

2) 招聘人数(person)

同上，获取招聘人数的统计信息，招聘人数与频数关系如表 8-5 所示。

表 8-5　招聘人数与频数关系表

招聘人数	频数
1 人	2445
2 人	1019
3 人	753
4 人	178
5 人	635
…	…
50 人	4
55 人	1
65 人	1
999 人	18
若干	24

如将统计结果显示在人数的划分中，会存在大量的分类情况，这会给后续建模的过程中增加大量的维度信息。通过表格数据，可以将低频数据进行合并分类，从而降低了分类的维度。重映射的人数分类如表 8-6 所示。

表 8-6 重映射的人数分类表

新分类	映射数值属性	计数
1 人	1	2445
2 人	2	1019
3 人	3	753
4 人	4	178
5 人	5	635
6 人及以上	6	300

3) 工作性质(Property)

工作性质频数统计结果如表 8-7 所示。

表 8-7 工作性质频数表

工作性质	频数
全职	5048
实习	24
校园	5
兼职	4

由此上表格可以看出，招聘的工作性质主要是全职。现将上述标量属性进行数值化映射，以方便后续建模计算。重映射的工作性质如表 8-8 所示。

表 8-8 重映射的工作性质频数表

工作性质	映射数值属性
全职	0
实习	1
校园	2
兼职	3

4) 公司性质(Com-property)

公司性质频数的统计结果如表 8-9 所示。

表 8-9 公司性质频数表

公司性质	频数	公司性质	频数
民营	3661	港澳台公司	19
股份制企业	458	事业单位	16
上市公司	295	代表处	3
合资	170	其他	130
外商独资	169	保密	52
国企	108		

同上节，对公司属性进行数值映射，重映射公司性质如表 8-10 所示。

表 8-10　公司性质映射数值属性表

公司性质	映射数值属性	公司性质	映射数值属性
民营	0	港澳台公司	6
股份制企业	1	事业单位	7
上市公司	2	代表处	8
合资	3	其他	9
外商独资	4	保密	10
国企	5		

5) 公司行业(Com_rade)

公司行业数据种类较多，通过 pandas 的统计描述功能得出 50 种不同的公司行业分类。同样，在数据处理阶段对该类标量值进行数值映射，公司行业频数表及重映射属性如表 8-11 所示。

表 8-11　公司行业频数表

公司行业	频数	映射数值属性
互联网/电子商务	1568	0
计算机软件	906	1
电子技术/半导体/集成电路	479	2
…	…	…
政府/公共事业/非盈利机构	1	48
中介服务	1	49

6) 工作经验(Experience)

同上，可对数据的工作经验值进行数值映射，工作经验频数映射如表 8-12 所示。

表 8-12　工作经验频数

工作经验	频数	映射数值属性
无经验	156	0
1 年以下	177	1
1～3 年	1534	2
3～5 年	1479	3
5～10 年	387	4
10 年以上	6	5
不限	1342	6

7) 招聘职位(Position)

同上，可对数据的招聘职位进行数值映射，招聘职位频数映射如表 8-13 所示。

表 8-13 招聘职位频数映射表

招聘职位	频数	映射数值属性
软件工程师	996	0
高级软件工程师	487	1
Java 开发工程师	407	2
…		
仿真应用工程师	9	30
计算机辅助设计师	7	31
高级硬件工程师	1	32

8) 公司规模(Com_scale)

公司规模频数如表 8-14 所示。

表 8-14 公司规模频数表

公司规模	频数
20	256
20～99	1785
100～499	1938
500～999	442
1000～9999	699
10 000	198
保密	12

为了提高分类效率，可以对公司规模的范围进行定义，重映射公司规模区如表 8-15 所示。

表 8-15 重映射公司规模区

区间	映射数值属性	频数
100 以下	0	2041
500 以下	1	1938
10 000 以下	2	1141
10 000 以上	3	12

9) 每月薪资

月薪资的数据是本次试验的主要分析信息之一，现数据集中薪资的属性值呈现为区间值，例如 5000～8000。通过统计得出，该区间值存在 178 种，这样的离散值在后续建模的过程中会创建出 178 种分类，使得数据的维度变得非常庞大，这将大大降低建模的效率和性能。

首先，可以将原先的薪资范围字符串转换为有效的数值信息。例如，薪资为 5000～8000，在对其进行转换的过程中，可以取其中值作为该招聘信息的最终月薪值。

在数值转变完成后，对薪资进行再划分区间。此时薪资数据已转为数值型，具备重划分区间的基础条件。通过数据统计，得到月薪资特性数据如表 8-16 所示。

表 8-16　月薪资特性

项	值
最低薪资	1000
最高薪资	100 000
平均薪资	12 087

现将薪资以平均值为中界线，将数据分为 A 和 B 两段。再将 A、B 区间分别划分为 5 个等步长的区间。最终可将薪资范围划分为 10 个阶段。通过计算可分别得出如下所示的最终划分区间。其中，A 区间薪资特性如表 8-17 所示，B 区间薪资特性如表 8-18 所示，最终薪资区间映射如表 8-19 所示。

表 8-17　A 区间薪资特性表

项	值
最低薪资	1000
平均薪资	12 087
步长	2217

表 8-18　B 区间薪资特性表

项	值
最高薪资	100 000
平均薪资	12 087
步长	17 582

表 8-19　B 最终薪资区间表

项	值
1	1000～3217
2	3218～5434
3	5435～7651
4	7652～9868
5	9869～12 085
6	12 086～29 667
7	29 668～47 249
8	47 250～64 831
9	64 832～82 413
10	82 414～100 000

通过划分，将薪资化分成 1～10 共十个范围区间值，这有效地对数据进行了规整和分级。

3. 新增数据特征

本次试验的主要目的在于创建数据模型，用于评估招聘信息所提供岗位的薪资待遇情况。在本节，将新增特征属性招聘待遇(treatment)属性。该属性的具体值需要通过评估得到。通过观察实际的招聘情况数据，从两个方向进行评估，即招聘职业和每月薪资。这两个属性所反映的是不同职业的薪资待遇详情。同样以软件工程师职业为例，简述新增特征值的过程：

(1) 筛选出 position 为软件工程师的所有数据。

(2) 对筛选出的数据薪资分布进行汇总，找出分布规律。通过上面的方法确定软件工程师招聘信息薪资特性汇总，如表 8-20 所示。

表 8-20　软件工程师薪资汇总表

数据总数	994
平均值	4.57
最小值	1
最大值	7

同时，统计出该职业的薪资频数统计情况，如表 8-20 所示。

表 8-20　软件工程师薪资频数统计表

pay 值	频数
1	8
2	112
3	159
4	151
5	153
6	408
7	3

(3) 绘制条形图，最终对该职位的数据进行新增属性赋值。软件工程师招聘信息薪资频数条形图，如图 8-4 所示。

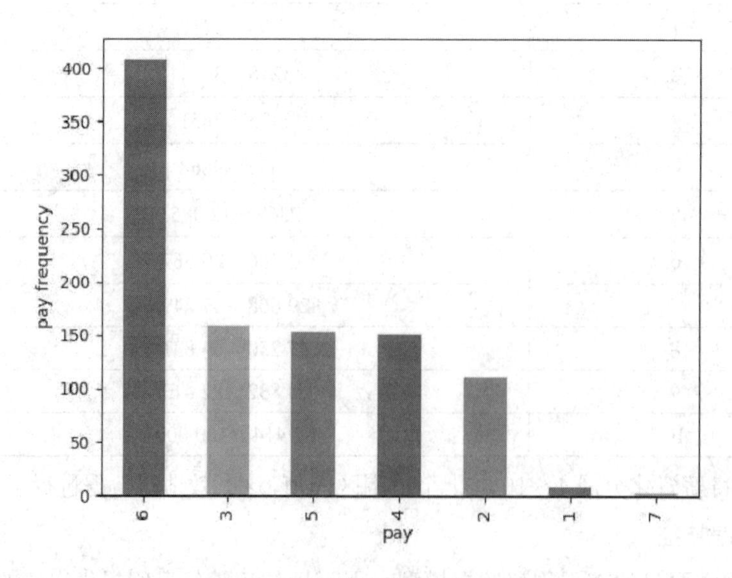

图 8-4　招聘信息薪资频数条形图

从图 8-4 中可以直观地看出，薪资为区间 6(12 086～29 667)的数据量最多，其余主要分布在区间 2、3、4、5，最低频数在区间 1 和 7。结合统计平均值，可将特征属性薪资待遇的值进行定义。重映射薪资待遇情况划分如表 8-21 所示。

表 8-21　重映射薪资待遇情况划分表

pay 值	招聘待遇	数值化
1～4	较低	0
5～6	合适	1
7	较高	2

经过分析，已对所有的软件工程师招聘信息新增了薪资待遇(treatment)这一新属性，并根据薪资的情况分别进行了较低、合适和较高三种标量赋值。随后对所有的职位数据进行相应的赋值处理。至此，完成了整个数据预处理阶段的操作。

本章小结

本章从招聘 Web 数据入手，通过对选定信息技术行业的招聘信息进行大量的数据采集与分析，基于构建一个该行业的招聘信息薪资待遇水平评估分类模型的目的。从数据采集方法、使用的工具以及采集流程等方面向读者做了详细的介绍。

第九章　基于 RDBMS 的数据清洗实战

RDBMS(Relational DataBase Management System)即关系数据库管理系统，基于 RDB 的系统在当今世界得到非常广泛的应用，但是在 RDBMS 中存储的“脏数据”又严重影响了用户对数据的分析。因此本章将通过实例介绍如何清洗 RDBMS 中的数据。

9.1 基础准备

对 RDBMS 数据进行清洗之前，需要做好以下几方面的准备：

1. 准备待清洗的数据集

本次实战使用的数据集为电商平台的订单数据文件，格式为 TXT。数据集包括 10 个字段，分别为：编号(id)、购买人(buyer)、购买日(buydate)、购买的商品(goods)、消费金额(money)、数量(num)、单价(price)、商家地址(store)、收货地址(address)、联系电话(tel)。

2. JDK 1.8、Eclipse、MySQL、Navicat forMySQL 基础开发环境配置

(1) 在 https://www.oracle.com/technetwork/java/javase/downloads 网站上下载 JDK 1.8 安装包，然后根据安装向导完成 JDK 1.8 的安装，安装完成后再配置环境变量 JAVA_HOME、CLASSPATH、Path，配置完成后在 MS DOS 控制台输入命令：java–version，如果出现如图 9-1 所示界面，则说明安装成功。

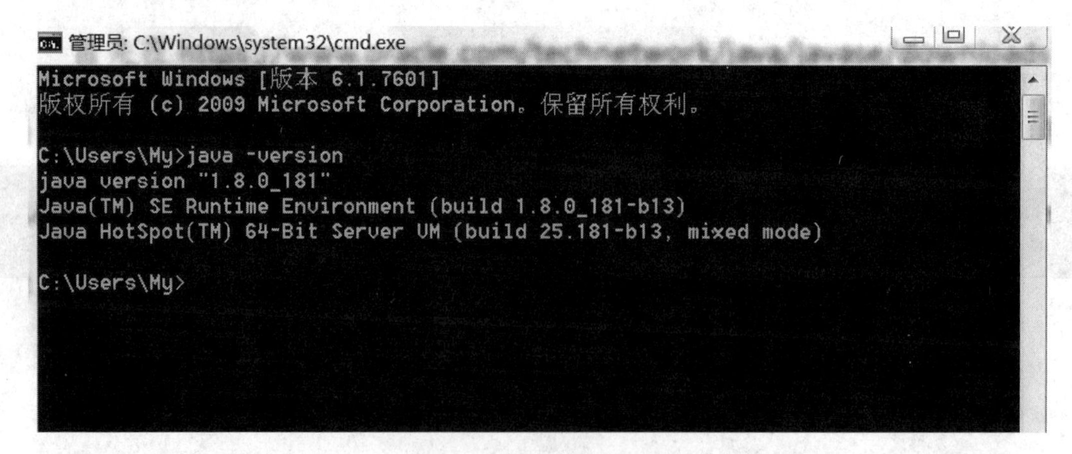

图 9-1　java 环境检测界面

(2) 在 http://dev.mysql.com/downloads/mysql/网站上下载 MySQL 5.1 安装程序，根据安装向导选择自定义安装，如图 9-2 所示。

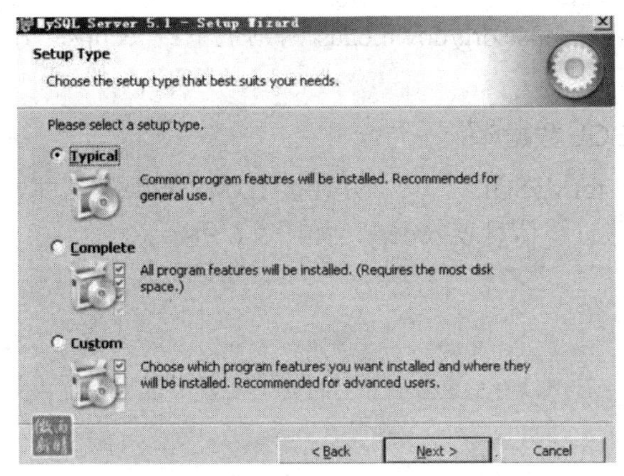

图 9-2　MySQL 5.1 安装

(3) 设置安装路径、数据库文件路径、数据库访问密码(密码设置为：123456)等信息，直至安装完毕并启动 MySQL 服务，如图 9-3 所示。

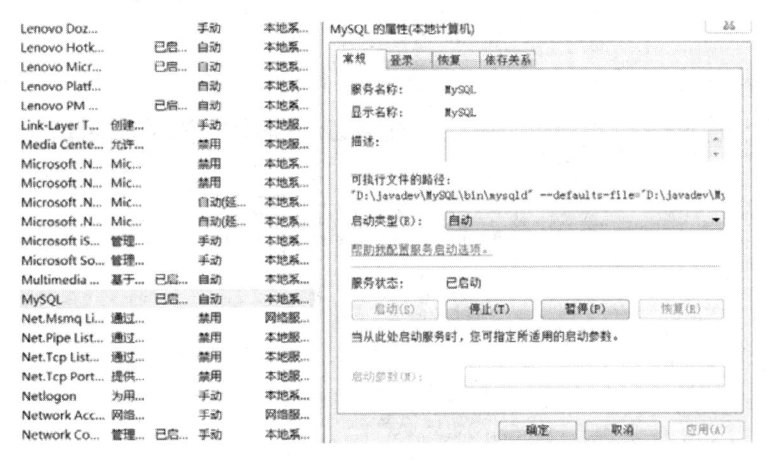

图 9-3　启动 MySQL 服务

(4) 在 https://www.navicat.com.cn/网站上下载 Navicat For MySQL 安装程序，并根据安装向导完成 Navicat 的安装，然后利用 Navicat 工具连接 MySQL 数据库，如图 9-5 所示。

图 9-5　接 MySQL 数据库

(5) 在 https://www.eclipse.org/downloads/网站上下载 eclipse 开发工具包，并解压到 D:\javadev 目录下。

3. 数据导入 MySQL 数据库

(1) 打开 Navicat forMySQL 工具，并连接上 MySQL 数据库，首先创建一个数据库 ecomm，然后创建一张订单信息表 orders，如图 9-6 所示。

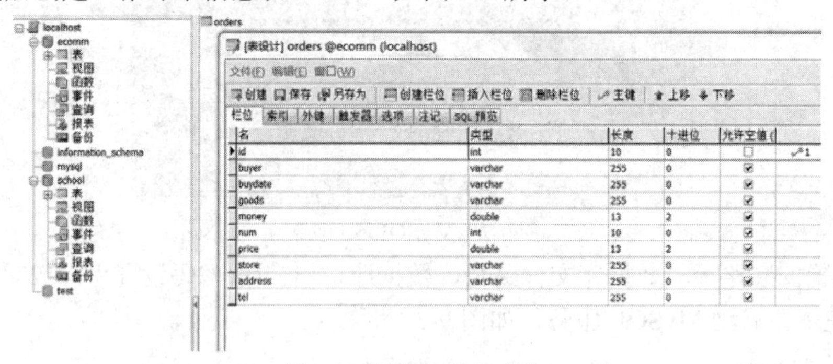

图 9-6 创建订单信息表

(2) 选中表中 order 选项，鼠标右键选择导入向导，如图 9-7 所示。

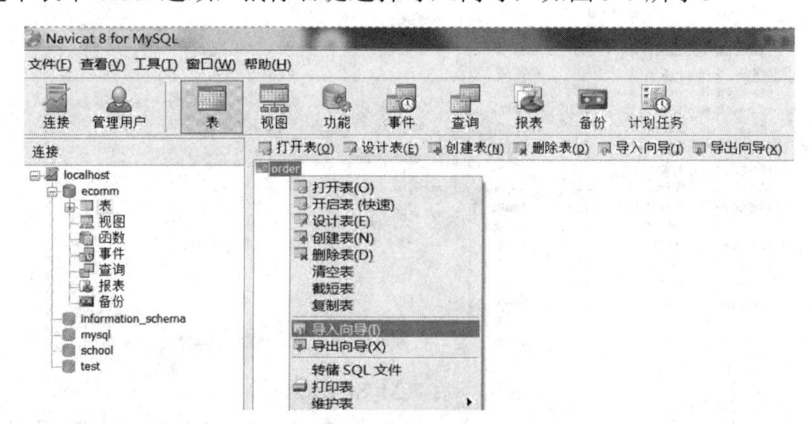

图 9-7 导入向导

(3) 利用导入向导将文本文件中的数据导入到 order 表中，如图 9-8 所示。

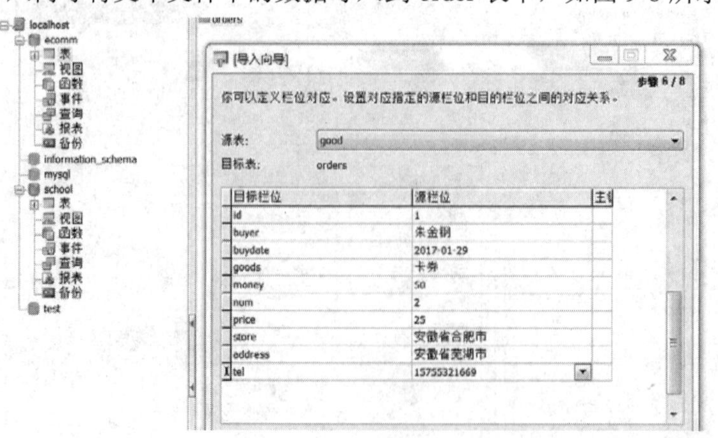

图 9-8 导入文本文件

数据导入后的结果如图 9-9 所示。

d	buyer	buydate	goods	money	store	address	tel
1	张国财	2017-01-29	卡券	50	安徽省合肥市	安徽省芜湖市	13883439988
2	张国财	2017-02-04	男装	198	浙江省杭州市	安徽省芜湖市	13883439988
3	郭彪	2017-02-04	男装	30	浙江省宁波市	安徽省芜湖市	13910506594
4	郭彪	2017-02-04	鞋靴	40	江苏省南京市	安徽省芜湖市	13910506594
5	朱金钢	2017-02-06	配件	55	浙江省杭州市	安徽省芜湖市	15755321669
6	朱金钢	1970-00-00	用品	12	江苏省南京市	安徽省芜湖市	15755321669
7	朱金钢	2017-02-11	用品;用品	30	安徽省芜湖市	安徽省芜湖市	15755321669
8	朱金钢		保健品	98	上海市	安徽省芜湖市	
9	朱金钢	2017-03-04	卡券	50	安徽省合肥市	安徽省芜湖市	15755321669
10		2017-03-13	男装;男装	198	浙江省杭州市	安徽省芜湖市	15755321669
11		2017-03-13	男装	90	浙江省宁波市	安徽省芜湖市	
12	朱金钢	2017-03-13	鞋靴	140	江苏省南京市	安徽省芜湖市	15755321669

图 9-9　导入结果

9.2　编写数据清洗程序

当利用 Navicat 工具将订单数据信息导入到 MySQL 数据库后，发现数据存在诸多问题。存在的问题主要包括以下几方面：

(1) 一部分字段的信息存在缺失；

(2) 部分字段的信息不正确，格式内容不正确；

(3) 部分字段的信息逻辑不正确。

基于以上问题，我们采取的数据清洗策略如下：

1. 缺失值清洗

针对导入数据库中的字段信息缺失问题，如何进行清洗处理关键在于清洗策略的选择。根据字段的重要性和字段内容的缺失率，常用的清洗策略如表 9-1 所示。

表 9-1　常用的清洗策略

重要性	缺失率	策　　略
高	高	尝试从其他渠道读取补全或使用其他字段通过计算后再补全
高	低	通过经验或业务知识统计
低	低	不做处理或简单填充
低	高	删除该条记录或该字段，并在结果中标明

分析导入数据库中 order 表的数据，发现字段 tel(联系电话)内容缺失率较高，高达 27%。但是电话号码信息又非常重要，因此采用从其他渠道取数据进行补全的清洗策略进行处理。具体策略是从其他记录中获取某人的电话号码，然后取得其号码，并将缺失的电话号码补全。例如，实例数据中部分“朱金钢”用户对应的订单信息中的电话号码缺失，可以先获取“朱金钢”的电话号码 15755321669，然后编写程序，通过程序进行处理或在数据库系统中执行以下 SQL 语句加入此号码：

```
update orders set tel = "15755321669" where buyer = "朱金钢";
```

2. 格式内容清洗

纵览 orders 表中的数据，发现如图 9-10 所示的情况(数据重复)。

5	朱金钢	2017-02-06	配件;配件;aaa;12a	55	浙江省杭州市	安徽省芜湖市	15755321669
6	朱金钢	1970-00-00	用品	12	江苏省南京市	安徽省芜湖市	15755321669
7	朱金钢	2017-02-11	用品;用品	30	安徽省芜湖市	安徽省芜湖市	15755321669

图 9-10 oders 表中信息

实例中，商品的名称数据“用品；用品”明显存在重复现象。根据分析发现，若数据信息存在重复，可以通过程序处理重复的字段信息，将字段信息内容中第一个“;”左边的信息截取即可，具体实现步骤如下：

(1) 建立一个 MySQL 数据库连接类，如图 9-11 所示。

```
import java.sql.Connection;
import java.sql.DriverManager;
/**
 * 数据库连接类
 * @author Hunter
 * @since jdk1.8
 */
public class DBConn {
    public static Connection getConn(String user,String password,String dbName) {
        //声明Connection对象
        Connection con=null;
         //驱动程序名
        String driver = "com.mysql.jdbc.Driver";
        //URL指向要访问的数据库名
        String url = "jdbc:mysql://localhost:3306/"+dbName+"?useUnicode=true&characterEncoding=utf8";
        try {
            //加载驱动程序
            Class.forName(driver);
            con = DriverManager.getConnection(url,user,password);
            if(!con.isClosed()) {
                System.out.println("连接数据库成功!");
            }
        }catch(Exception e) {
            System.out.println("连接数据库失败! ");
        }
        return con;
    }
}
```

图 9-11 数据库连接类

(2) 编写清洗程序，对逻辑错误进行处理，如图 9-12 所示。

```
import java.sql.ResultSet;
import com.mysql.jdbc.Connection;
import com.mysql.jdbc.PreparedStatement;
import com.mysql.jdbc.Statement;
/**
 * orders表格式内容清洗
 * @author Hunter
 * @since jdk1.8
 */
public class OrdersDeal {
    public static void main(String[] args) throws Exception {
        Connection con=(Connection) DBConn.getConn("root", "password", "ecomm");
        Statement statement = (Statement) con.createStatement();
        //读取数据库数据
        String sqlQuery = "select * from orders";
        ResultSet rs = statement.executeQuery(sqlQuery);
        while(rs.next()){
            int id=rs.getInt("id");
            String[] goods=rs.getString("goods").split(";");
            String name=goods[0];
            String sqlUpdate="update orders set goods='"+name+"' where id="+id;
            PreparedStatement pstmt = (PreparedStatement) con.prepareStatement(sqlUpdate);
            pstmt.executeUpdate();
            pstmt.close();
        }
    }
}
```

图 9-12 清洗程序代码

通过以上代码实现对商品名称字段格式错误的问题进行处理，处理后的结果如图 9-13 所示。

5	朱金钢	2017-02-06	配件	55	浙江省杭州市	安徽省芜湖市	15755321669
6	朱金钢	1970-00-00	用品	12	江苏省南京市	安徽省芜湖市	15755321669
7	朱金钢	2017-02-11	用品	30	安徽省芜湖市	安徽省芜湖市	15755321669

图 9-13　处理结果

3. 逻辑错误清洗

逻辑错误数据的清洗方案有以下两种：

(1) 去掉重复的数据。例如在 orders 表中存在两条完全相同的数据，即每个字段的信息都完全一样，如图 9-14 所示。

12	朱金钢	2017-03-13 12:12:12	鞋靴	140	江苏省南京市	安徽省芜湖市	15755321669
13	朱金钢	2017-03-17 17:12:16	配件	7	浙江省杭州市	安徽省芜湖市	15755321669
14	朱金钢	2017-03-23 20:15:15	用品	30	江苏省南京市	安徽省芜湖市	15755321669
15	朱金钢	2017-03-23 20:15:15	用品	30	安徽省芜湖市	安徽省芜湖市	15755321669
16	朱金钢	2017-03-23 09:34:12	保健品	98	上海市	安徽省芜湖市	15755321669

图 9-14　存在重复数据示例表

上图中，id 为 14、15 的两条数据完全一样。因为不太可能同一个用户同一时刻下两个日期一致的订单，可采用如下 SQL 语句：

```
delete from orders a where (a.buyer,a.buydate) in  (select buyer,buydate from orders group by buyer,
buydate having count(*) > 1)and rowid not in (select min(rowid) from orders group by buyer, buydate
having count(*)>1)
```

(2) 修正有矛盾的内容。如图 9-15 所示，数量*单价的积为用户消费金额，但 id 为 2 的记录数量为 4，单价为 50 元，消费金额为 200 元，而记录中的消费金额为 198 元，因此存在明显数据错误，需要对类似有矛盾的错误数据进行清洗修正。修正方法为通过程序重新计算 money 字段的值，如图 9-16 所示。

id	buyer	buydate	goods	money	num	price	store	address	tel
1	张国财	2017-01-29	卡券	50	2	25	安徽省合肥市	安徽省芜湖市	13883439988
2	张国财	2017-02-04	男装	198	4	50	浙江省杭州市	安徽省芜湖市	13883439988
3	郭彪	2017-02-04	男装	30	4	7.5	浙江省宁波市	安徽省芜湖市	13910506594
4	郭彪	2017-02-04	鞋靴	40	2	20	江苏省南京市	安徽省芜湖市	13910506594

图 9-15　矛盾内容

```java
import java.sql.ResultSet;
import com.mysql.jdbc.Connection;
import com.mysql.jdbc.PreparedStatement;
import com.mysql.jdbc.Statement;
/**
 * orders表逻辑错误清洗
 * @author Hunter
 * @since jdk1.8
 */
public class OrdersDeal {
    public static void main(String[] args) throws Exception {
        Connection con=(Connection) DBConn.getConn("root", "password", "ecomm");
        Statement statement = (Statement) con.createStatement();
        //读取数据库数据
        String sqlQuery = "select * from orders";
        ResultSet rs = statement.executeQuery(sqlQuery);
        while(rs.next()){
            int id=rs.getInt("id");
            double money=rs.getInt("num")*rs.getDouble("price");
            String sqlUpdate="update orders set money="+money+"  where id="+id;
            PreparedStatement pstmt = (PreparedStatement) con.prepareStatement(sqlUpdate);
            pstmt.executeUpdate();
            pstmt.close();
        }
    }
```

图 9-16　修正方法

9.3 编写脱敏程序

数据脱敏处理是指对明文数据进行加密处理或用随机字符替换原始数据的过程，此处介绍两种数据脱敏处理方法。

1. 采用DES(对称加密算法)、RSA(非对称加密算法)加密算法对原始数据进行整体加密

DES(Data Encryption Standard)是对称加密的一种实现，即加密、解密运算所使用的秘钥是相同的。以下为对明文字符串“123456”使用秘钥“springcq”进行DES加密。加密后的密文为76a8ec68373da846，加密与解密的代码如下：

```
import java.security.Key;
import java.security.Security;
import javax.crypto.Cipher;
/**
 * DES 加密和解密工具,可以对字符串进行加密和解密操作。
 * @author Hunter
 * @Created 2013-12-5
 */
public class DesUtils {
  /** 字符串默认键值*/
  private static String strDefaultKey = "national";
  /** 加密工具*/
  private Cipher encryptCipher = null;
  /** 解密工具*/
  private Cipher decryptCipher = null;
  /**
   * 将 byte 数组转换为表示十六进制值的字符串，如：byte[]{8, 18}转换为：0813，和 public static
byte[]
   * hexStr2ByteArr(String strIn) 互为可逆的转换过程
   * @param arrB  需要转换的 byte 数组
   * @return 转换后的字符串
   * @throws Exception 本方法不处理任何异常，所有异常全部抛出
   */
  public static String byteArr2HexStr(byte[] arrB) throws Exception {
    int iLen = arrB.length;
    //每个 byte 用两个字符才能表示，所以字符串的长度是数组长度的两倍
    StringBuffer sb = new StringBuffer(iLen * 2);
    for (int i = 0; i < iLen; i++) {
      int intTmp = arrB[i];
```

```
        //把负数转换为正数
        while (intTmp < 0) {
            intTmp = intTmp + 256;
        }
        //小于 0F 的数需要在前面补 0
        if (intTmp < 16) {
            sb.append("0");
        }
        sb.append(Integer.toString(intTmp, 16));
    }
    return sb.toString();
}

/**
 * 将表示十六进制值的字符串转换为 byte 数组，和 public static String byteArr2HexStr(byte[] arrB)
 * 互为可逆的转换过程
 * @param strIn 需要转换的字符串
 * @return 转换后的 byte 数组
 * @throws Exception 本方法不处理任何异常，所有异常全部抛出
 * @author Hunter
 */
public static byte[] hexStr2ByteArr(String strIn) throws Exception {
    byte[] arrB = strIn.getBytes();
    int iLen = arrB.length;
    //两个字符表示一个字节，所以字节数组长度是字符串长度除以 2
    byte[] arrOut = new byte[iLen / 2];
    for (int i = 0; i < iLen; i = i + 2) {
        String strTmp = new String(arrB, i, 2);
        arrOut[i / 2] = (byte) Integer.parseInt(strTmp, 16);
    }
    return arrOut;
}

/**
 * 默认构造方法，使用默认密钥
 * @throws Exception
 */
public DesUtils() throws Exception {
    this(strDefaultKey);
```

```
}

/**
 * 指定密钥构造方法
 * @param strKey  指定的密钥
 * @throws Exception
 */
public DesUtils(String strKey) throws Exception {
  Security.addProvider(new com.sun.crypto.provider.SunJCE());
  Key key = getKey(strKey.getBytes());
  encryptCipher = Cipher.getInstance("DES");
  encryptCipher.init(Cipher.ENCRYPT_MODE, key);
  decryptCipher = Cipher.getInstance("DES");
  decryptCipher.init(Cipher.DECRYPT_MODE, key);
}

/**
 * 加密字节数组
 * @param arrB 需加密的字节数组
 * @return 加密后的字节数组
 * @throws Exception
 */
public byte[] encrypt(byte[] arrB) throws Exception {
  return encryptCipher.doFinal(arrB);
}
/**
 * 加密字符串
 * @param strIn 需加密的字符串
 * @return 加密后的字符串
 * @throws Exception
 */
public String encrypt(String strIn) throws Exception {
  return byteArr2HexStr(encrypt(strIn.getBytes()));
}
/**
 * 解密字节数组
 * @param arrB 需解密的字节数组
 * @return 解密后的字节数组
 * @throws Exception
```

```
 */
public byte[] decrypt(byte[] arrB) throws Exception {
  return decryptCipher.doFinal(arrB);
}

/**
 * 解密字符串
 * @param strIn 需解密的字符串
 * @return 解密后的字符串
 * @throws Exception
 */
public String decrypt(String strIn) throws Exception {
  return new String(decrypt(hexStr2ByteArr(strIn)));
}

/**
 * 从指定字符串生成密钥，密钥所需的字节数组长度为 8 位不足 8 位时后面补 0，超出 8 位取前 8 位
 * @param arrBTmp 构成该字符串的字节数组
 * @return 生成的密钥
 * @throws java.lang.Exception
 */
private Key getKey(byte[] arrBTmp) throws Exception {
  //创建一个空的 8 位字节数组(默认值为 0)
  byte[] arrB = new byte[8];
  //将原始字节数组转换为 8 位
  for (int i = 0; i < arrBTmp.length && i < arrB.length; i++) {
    arrB[i] = arrBTmp[i];
  }
  //生成密钥
  Key key = new javax.crypto.spec.SecretKeySpec(arrB, "DES");
  return key;
}
/**
 * main 方法。
 * @author Hunter
 * @param args
 */
public static void main(String[] args) {
  try {
```

```
            String test = "123456";
            DesUtils des = new DesUtils("springcq");//自定义密钥
            System.out.println("加密后的字符：" + des.encrypt(test));
        }
        catch (Exception e) {
        }
    }
}
```

所谓 RSA 公开密钥密码体制，就是使用不同的加密密钥与解密密钥，是一种“由已知加密密钥推导出解密密钥在计算上是不可行的”密码体制。在公开密钥密码体制中，加密密钥(即公开密钥)PK 是公开信息，而解密密钥(即秘密密钥)SK 是需要保密的。加密算法 E 和解密算法 D 也都是公开的。虽然解密密钥 SK 是由公开密钥 PK 决定的，由于无法计算出大数 n 的欧拉函数 phi(N)，所以不能根据 PK 计算出 SK。代码如下：

```
import java.security.Key;
import java.security.KeyFactory;
import java.security.KeyPair;
import java.security.KeyPairGenerator;
import java.security.SecureRandom;
import java.security.interfaces.RSAPrivateKey;
import java.security.interfaces.RSAPublicKey;
import java.security.spec.PKCS8EncodedKeySpec;
import java.security.spec.X509EncodedKeySpec;
import java.util.HashMap;
import java.util.Map;
import javax.crypto.Cipher;
import org.bouncycastle.jce.provider.BouncyCastleProvider;
import com.dzh.base64.BASE64Util;
/**

 * RSA 加密解密
 * 此工具类能使用指定的字符串，每次生成相同的公钥和私钥且在 Linux 和 Windows 密钥也相同；
相同的原文和密钥生成的密文相同
 */
public class RSAUtil {
    private static final String ALGORITHM_RSA = "RSA";
    private static final String ALGORITHM_SHA1PRNG = "SHA1PRNG";
    private static final int KEY_SIZE = 1024;
```

```
    private static final String PUBLIC_KEY = "RSAPublicKey";
    private static final String PRIVATE_KEY = "RSAPrivateKey";
    private static final String TRANSFORMATION = "RSA/None/NoPadding";
    /**
     * 解密
     * 用私钥解密，解密字符串，返回字符串
     * @param data
     * @param key
     * @return
     * @throws Exception
     */
    public static String decryptByPrivateKey(String data, String key) throws Exception {
        return new String(decryptByPrivateKey(BASE64Util.decodeToByte(data), key));
    }

    /**
     * 加密
     * 用公钥加密，加密字符串，返回用 base64 加密后的字符串
     * @param data
     * @param key
     * @return
     * @throws Exception
     */
    public static String encryptByPublicKey(String data, String key) throws Exception {
        return encryptByBytePublicKey(data.getBytes(), key);
    }
    /**
     * 加密
     * 用公钥加密，加密 byte 数组，返回用 base64 加密后的字符串
     * @param data
     * @param key
     * @return
     * @throws Exception
     */
    public static String encryptByBytePublicKey(byte[] data, String key) throws Exception {
        return BASE64Util.encodeByte(encryptByPublicKey(data, key));
    }
    /**
     * 解密
```

```
  * 用私钥解密
  * @param data
  * @param key
  * @return
  * @throws Exception
  */
public static byte[] decryptByPrivateKey(byte[] data, String key) throws Exception {
    byte[] keyBytes = BASE64Util.decodeToByte(key);//对私钥解密
    /*取得私钥*/
    PKCS8EncodedKeySpec pkcs8KeySpec = new PKCS8EncodedKeySpec(keyBytes);
    KeyFactory keyFactory = KeyFactory.getInstance(ALGORITHM_RSA);
    Key privateKey = keyFactory.generatePrivate(pkcs8KeySpec);
    /*对数据解密*/
    Cipher cipher = Cipher.getInstance(TRANSFORMATION, new BouncyCastleProvider());
    cipher.init(Cipher.DECRYPT_MODE, privateKey);
    return cipher.doFinal(data);
}

/**
  * 加密
  * 用公钥加密
  * @param data
  * @param key
  * @return
  * @throws Exception
  */
public static byte[] encryptByPublicKey(byte[] data, String key) throws Exception {
    byte[] keyBytes = BASE64Util.decodeToByte(key);//对公钥解密
    /*取得公钥*/
    X509EncodedKeySpec x509KeySpec = new X509EncodedKeySpec(keyBytes);
    KeyFactory keyFactory = KeyFactory.getInstance(ALGORITHM_RSA);
    Key publicKey = keyFactory.generatePublic(x509KeySpec);
    /*对数据加密*/
    Cipher cipher = Cipher.getInstance(TRANSFORMATION, new BouncyCastleProvider());
    cipher.init(Cipher.ENCRYPT_MODE, publicKey);
    return cipher.doFinal(data);
}
/**
  * 取得私钥
```

```
     * @param keyMap
     * @return
     */
    public static String getPrivateKey(Map<String, Object> keyMap) {
        Key key = (Key) keyMap.get(PRIVATE_KEY);
        return BASE64Util.encodeByte(key.getEncoded());
    }
    /**
     * 取得公钥
     * @param keyMap
     * @return
     */
    public static String getPublicKey(Map<String, Object> keyMap) {
        Key key = (Key) keyMap.get(PUBLIC_KEY);
        return BASE64Util.encodeByte(key.getEncoded());
    }

    /**
     * 初始化公钥和私钥
     * @param seed
     * @return
     * @throws Exception
     */
    public static Map<String, Object> initKey(String seed) throws Exception {
        KeyPairGenerator keyPairGen = KeyPairGenerator.getInstance(ALGORITHM_RSA);
        SecureRandom     random     =     SecureRandom.getInstance(ALGORITHM_SHA1PRNG);
random.setSeed(seed.getBytes());//使用种子则生成相同的公钥和私钥
        keyPairGen.initialize(KEY_SIZE, random);
        KeyPair keyPair = keyPairGen.generateKeyPair();
        RSAPublicKey publicKey = (RSAPublicKey) keyPair.getPublic();//公钥
        RSAPrivateKey privateKey = (RSAPrivateKey) keyPair.getPrivate();//私钥
        Map<String, Object> keyMap = new HashMap<String, Object>(2);
        keyMap.put(PUBLIC_KEY, publicKey);
        keyMap.put(PRIVATE_KEY, privateKey);
        return keyMap;
    }

    /**
     * 使用示例
```

```
     * @param args
     * @throws Exception
     */
    public static void main(String[] args) throws Exception {
        String source = "E65F46EF43456abcd54as56f00ef";//原文
        String seed = "abc123";//种子
        System.out.println("原文：\n" + source);
        Map<String, Object> keyMap = RSAUtil.initKey(seed);//初始化密钥
        String publicKey = RSAUtil.getPublicKey(keyMap);//公钥
        String privateKey = RSAUtil.getPrivateKey(keyMap);//私钥
        System.out.println("公钥：\n" + publicKey);
        System.out.println("私钥：\n" + privateKey);
        String encodedStr = RSAUtil.encryptByPublicKey(source, publicKey);//加密
        System.out.println("密文：\n" + encodedStr);
        String decodedStr = RSAUtil.decryptByPrivateKey(encodedStr, privateKey);//解密
        System.out.println("解密后的结果：\n" + decodedStr);
    }
}
```

2. 对特定字段的特定字符用其他字符进行处理

例如，orders 表中的 tel 字段存储的是姓名。通常，真实姓名是一个人的隐私，一般情况下不能轻易公开。因此，在某些情况下需要对此信息进行脱敏处理。数据库 orders 表中 buyer 字段的信息进行脱敏处理的代码如下：

```
/**
 * 对敏感信息进行脱敏处理
 * @author Hunter
 * @since jdk1.8
 */
public class Conceal {
    private static final Integer SIZE=6;
    private static final String SYMBOL="*";

    public static String toConceal(String str){
        if(null==str||"".equals(str)){
            return str;
        }
        int len=str.length();
        int pamaone=len/2;
        int pamatwo=pamaone-1;
```

```
            int pamathree=len%2;
            StringBuilder strb=new StringBuilder();
            if(len<=2){
                if(pamathree==1){
                    return SYMBOL;
                }
                strb.append(str.substring(0, 1));
                strb.append(SYMBOL);
            }else{
                if(pamatwo<=0){
                    strb.append(str.substring(0, 1));
                    strb.append(SYMBOL);
                    strb.append(str.substring(len-1,len));
                }else if(pamatwo>SIZE/2 && SIZE+1!=len){
                    Integer pamafive=(len-SIZE)/2;
                    strb.append(str.substring(0, pamafive));
                    for(Integer i=0;i<SIZE;i++){
                        strb.append(SYMBOL);
                    }
                    if((pamathree==0&&SIZE/2==0)||(pamathree!=0&&SIZE%2!=0)){
                        strb.append(str.substring(len-pamafive,len));
                    }else{
                        strb.append(str.substring(len-(pamafive+1), len));
                    }
                }else{
                    Integer pamafour=len-2;
                    strb.append(str.substring(0,1));
                    for(Integer i=0;i<pamafour;i++){
                        strb.append(SYMBOL);
                    }
                    strb.append(str.substring(len-1, len));
                }
            }
            return strb.toString();
        }
        public static void main(String[] args) {
            System.out.println(toConceal("张国财"));
        }
}
```

以上方法处理的结果如图 9-17 所示。

id	buyer	buydate	goods	money	num	price	store	address	tel
1	张*财	2017-01-29	卡券	50	2	25	安徽省合肥市	安徽省芜湖市	13883439988
2	张*财	2017-02-04	男装	200	4	50	浙江省杭州市	安徽省芜湖市	13883436585
3	郭*	2017-02-04	男装	30	4	7.5	浙江省宁波市	安徽省芜湖市	13910506594
4	郭*	2017-02-04	鞋靴	40	2	20	江苏省南京市	安徽省芜湖市	13910506594

图 9-17　脱敏处理后的结果

本章对基于 RDBMS 的数据清洗过程进行了系统介绍。先介绍了基础环境搭建，包括 Java 开发环境的准备和 MySQL 服务器环境的准备；又介绍了常见的针对缺失值清洗、格式内容清洗、逻辑错误清洗的方法及进行数据脱敏处理的方法。通过本章实例以期读者能对基于 RDBMS 的清洗技术、方法、工具有初步的认识和了解。